グローバルな正義を求めて

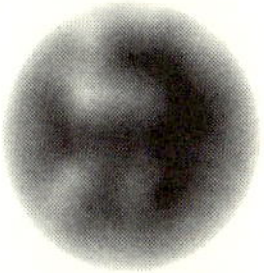

ユルゲン・トリッティン 著
今本　秀爾 監訳
エコロ・ジャパン翻訳チーム 訳

WELT UM WELT
GERECHTIGKEIT UND GLOBALISIERUNG

by JÜRGEN TRITTIN

Japanese translation rights arranged with Aufbau-Verlag GmbH
through Japan UNI Agency, Inc., Tokyo.

グローバルな正義を求めて・目次

第5章　もうひとつの世界は可能だ

序文：『実験』

これまで私は現役の政治家あるいは大臣の書いた本を、概ね冷淡に扱ってきた。たとえばサウナに立ち寄ったとか、英雄的な交渉をやり遂げたといった、自画自賛と自己正当化による一連の成功談義や、まったくやりきれない自慢話には私は興味を覚えない。しかしユルゲン・トリッティンが私に、この本の原稿を読んでくれるよう依頼してきたとき、私は例外に数えてもよいくらいの職業的な好奇心が湧いた。つまり、選挙の行なわれる年（二〇〇二年）に、さらに八月末にヨハネスブルグで開催され、地球の将来的課題のための新たな視点が提示される、「持続可能な開発に関する国連サミット」の直前に、この現職の環境大臣が地球環境や開発問題についていったい何を語ろうというのだろうか？　という好奇心である。

このサミットのはじまる前に、再び私たちの地球の現状に関する分析が山のように提出された。そこには、すでに十年前にリオで交わされた諸々の知見に加えて、何か新しいものが付け加わっているのだろうか？　北の国々（先進諸国）が膨大な消費、生産、排出を行なっていることを、私たちは周知している。その結果、南の国々が苦悩を強いられていること、北の文明モデルがグローバル化できないこと、そうしたことはさまざまなハイレベルの公式文書において指摘されてきたことである。さらにものの値段がエコロジカルな真理を語るという点、すなわち第三世界の債務が帳消しにされ、乏しい飲料水源が緊急に確保されねばならないという要求さえ、何も新しいものではない。ただ、気候変動や種の消滅、グローバルな不公正さの拡大に関する実際の知見があるのに、なぜ世界経済の構造の根本的な変革が成し遂げられないのか、という理由を説明している分析事例はほとんど存在していない。

その点で、私はこの本には驚かされた。いわゆる一般に理解されているところの環境問題や南北問題についての説明を、私はこの本の中ではほとんど探せなかったからである。さらに持続可能な開発やグローバリゼーションに関する最近の論争との関連性についてもほとんど書かれていなかった。その代わり、目を皿のようにして読まずとも理解できることは、この本の魅力が、その簡潔で明瞭な文体にあるという点である。複雑なコンテクストが明確に提示され、グローバルな環境政策がなぜ好ましいのか、にもかかわらず、なぜ遅々としてその成果が挙がらないのかという理由が示されているのである。さらにこの本では、国際政治体制においては多くの相互矛盾があり、数多くのロビイング・テーマがあり、不平等な権力関係が存在しているということについて、いかなる学問的体裁をも道徳的な啓発の形をもとらず、客観的に叙述されている。たとえば私たちがこうした政治体制の複雑さを理解しようとしても、さらに複雑な言語構造が障害となって立ちはだかることがしばしば起こる。しかし、ここでは環境政策や開発政策によってはしばしば容易には解決不可能な諸々の障害が、ものの見事に明らかにされており、おそらくは政治的に理解しやすいが、最終的に誤った単純化を招くことも回避できている。

政治的談話や、とりわけ政治的文書と私が考えているものは、とりわけ人に伝達するための芸術作品であるべきだ。ところがこれまで政治的階層にいる多くの人々は、理解可能性もしくは精神的要求の理想に対して自ら距離を置いてきた。複雑な社会的―政治的連関や自然関係、さらには国際関係について啓蒙したり知識を伝達することは、むしろ希少価値である。それゆえユルゲン・トリッティンの本の中では情報の密度自体は、あまり重視されていない。すでに長い間当該のテーマに関わってきた人々もまた退屈することのないよう、この本の講義には数多くのオリジナルな事例が紹介されている。さらにグローバルな環境問題および社会問題の解決にあたり、新旧双方の視点が提示されている。たとえばグローバリゼーションのプロセスに対抗するエコロジカルな代替案の引用が数多く見られ、より詳しく述べられている。さらに一方で公正でエコロジカルな、未来にも持続可能な開発というヴィジョンと、他方でたえざる強制でもって、私たちの開発モデルを拡大すべしというヴィジョンとの間の相互矛盾が、より詳しく明らかにされている。

たとえば（毎年GNPの）〇・七％を開発援助にあてるという目標を、まるでお百度参りをするように繰り返し掲げるような古臭い伝統から脱し、グローバルな未来の課題に財政支援を調達する新たな革新的なやり方を提案することを優先すべきだ、とか、また真摯に考案されたグローバルな、エコロジカルで公正な持続可能性という考え方に沿って、まずは私たちひとりひとりが消費を抑制すべきであり、さらにGNP（国民総生産）とは別にエコロジー総生産（Ökosozialprodukt）という指標を、すなわちどの程度まで自然環境が破壊され、もしくは保護されているかという指標を導入すべきである、といったように。
意味深長で複雑な内容もまたここでは平易に表現されており、それによって本書は成功をみている。私は本書が版を重ねる——とりわけ学校教材としても版を重ねられることを望みたい。そしてさらに本書の読者が増えることも希望する。

バーバラ・ウンミュシッグ
（ハインリッヒ・ベル財団）

第1章

現状——これは21世紀のモデルではない

九〇年代の初め、私はニーダーザクセン州の州大臣で、州政府の開発政策を担当していた。当時の州政府はエリトリアにある学校に対する、ソーラーポンプやソーラー屋根の建設に融資していた。私たちの戦略は、再生可能エネルギーにより干ばつの影響を最小化することであった。私たちは女性や子どもたちが長時間徒歩で歩いたり、質の悪い川底の水を利用せずに済むような代替策を提供したかったからである。ソーラーポンプによって女性たちは時間の節約ができ、その時間の余剰を使って彼女らは読み書きを習うことができるようになった。

村には電気が通っていない。それゆえこのプロジェクトは太陽エネルギーを利用し、同時に二通りのことを実施した。すなわちその村で伝統的に常套化《じょうとうか》している、体力を消耗させる手押しポンプを使う代わりに、私たちはソーラーポンプを建設し、学校の屋根にソーラーパネルを設置した。その結果、村の大人たちは晩に読み書きの授業を受けられることができるようになった。このエコロジカルな解決策は、その土地の人々に将来よりよい見通しを与えたのである。

このアフリカの先端にある小国のもう一つの問題は、過去にも現在でも容易に解決不可能なものであった。三十年にわたる独立戦争の間に、多くのエリトリア人が海外に難を逃れ、ドイツにもやって来ていた。彼らはドイツで基礎教育を受け、一部の人々は大学にも通っていた。そして和平条約締結後、多くの人々が故郷に戻ってきた。他方でその間、多くの人々が賃金契約によって職場に、そして学校や病院施設、交通インフラや住宅に満足しつつ、なじんでいった。しかし私は何度も「ここでは私の子の将来がない」という言葉を耳にした。

将来性、そして生活機会——これは教育や、出資、収入に関わる問題というだけではない。それはとどのつまり平均寿命の問題でもある。ドイツ人の平均寿命はおよそ八十歳であるのに対し、エリトリアは約五十歳である。もちろんエリトリアにも、七十歳以上の高齢者が存在している。しかし多くのアフリカ諸国では、平均寿命が低下している――ドイツでは平均寿命が上昇しているのに対して。

エリトリア出身者の親の多くは、自分の子どもの生活機会を優先することに決めている。しかも彼らは故郷には相変わらずほとんど未練を持っていない。子どもと一緒でなければ故郷に戻らない人もいる。しかし親は皆、この決断に過去も現在も苦しんできた。生活レベルが世界的にほぼ等しかったとしたら、彼らは別様に決断したかもしれない。彼らには選択の余地があったからである。

人権に対する問い？

私たちはまったく当たり前のように言う、「人間は皆平等である。すべての人に人権はある」と。しかし現実は違う様相を呈《てい》している。第一に私たちは、後の世代が今生きている私たちと同じレベルの生活機会や利用機会をもてないであろうことを認めている。第二に、今生きている人々も皆、地球規模ではけっして同レベルの生活環境に置かれてはいない。北と南の平均寿命の差は、社会的および経済的人権の実現度に隔たりがあることを如実《にょじつ》に証明している。

南の国の人々に私たちのような衣服や食糧、住居や医療看護、さらには私たちのもつ労働権の保障があれば、彼らは私たちと同じくらい長生きしていることだろう。すなわち彼らはおよそ三十年分の寿命や生活の質を奪われているのである。

人権という普遍的概念が意味するものは何であろうか？　サヘル地域に住む遊牧民が、アメリカ人やドイツ人と同様、末長く健康に生きる権利や、教育を受ける権利、別様の生活を営む権利を持っているということである。

ならば、地球全体に公正な生活機会を分け与えることは、いかにして実現可能なのか？　おそらくそれは貧困国が豊かな工業国の経済を手本にすることによってではないだろう。その反対である。つまり北半球の国々の資源消費型の経済様式やライフスタイルが問題の一環であり、それは南半球の多くの貧困国の人々の生活状況をまさに悪化させているのである。

たとえば気候変動である。地球の大気中に含まれる温室効果ガスである二酸化炭素の八〇％は工業国によって排出されている。それを再び削減するにはさらに百年かかる。温室効果ガスはここ数年来、地球の気温を著しく上昇させている。地球規模の気候変動はすでに始まっているのである。

もはや気候変動が起こるかどうかという問題ではない。それがどの程度大きな影響を与えるかどうかという問題になっている。海水面の上昇が起きるかどうかという問題ではなく、どの程度上昇するかという問題になっているのである。

予測されているとおり、今世紀の終わりまでに海水面が〇・五メートルあまり上昇するとしても、ドイツではその相応分、堤防の高さを上げれば対処できる。それには（海に面した）シュレスヴィヒ＝ホルシュタイン州だけでも今後数年間で二・五億ユーロ以上の（この堤防工事のための）費用がかかる。一方でツバルはすでに「沈みゆく国」、すなわち沈みゆく太平洋の島国となっている。バングラデシュでは何百万もの人が洪水の脅威にさらされている。

気候変動はそれ以外の環境被害以上に、私たちのただ一つの世界が、共通の環境に支配されていることを私たちに教えてくれている。「環境」は主に近隣地域と結びつけて考えられやすい。しかし工業技術とグローバリゼーションによって、各々の個人が地球の他の地域の生活状況にも、そして地球全体の環境動向にも大きな影響を与えるまでになったのである。すなわち南極（オゾンホール）、太平洋（海面上昇による島国への危機）、南米（エル・ニーニョ）、北米および中央アメリカ（ハリケーン）、さらにはヨーロッパ（暴風雨の増大）といった現象である。私たちはしたがって環境を「地球全体の環境」としてとらえなければならない。

地球環境保護のために尽力することが最優先されねばならない。というのも私たちはたったひとつの世界、ひとつの地球環境しか持っていない——世界は次々と生まれ変わったりはせず、私たちが次々と新しい生物圏を利用できるようなことはない——からである。

鍵を握るのはエコロジー

環境が無傷の状態であることは、グローバルな正義のための重要な前提条件である。地球環境のバランスを失わせようとする者は、人間生活を危険にさらし、人々を逃亡や、浪費や、貧困へと駆り立てる。

地球環境の被害はとりわけ南半球で、赤道の両側で起きており、ヨーロッパやカナダ、アメリカではその被害はわずかな程度である。それゆえ北の国に住む私たちは、未だ痛々しい思いを経験することから免《まぬが》れている。すべての人間は地球の市民であり、グローバルな市民であって、この地球ないしは地球環境を必要としていることを私たちは未だはっきりと把握していない。

グローバルな正義は、開発政策上の措置や直接投資によってだけでは達成されえない。むしろ工業国は自国の誤った開発をやめ、自分自身が持続可能な豊かさのモデルとなるべきである。ヨーロッパやアメリカ、他の富裕な国々は、自ら資源節約型の経済をスタートさせる責任があり、その能力を有している。ただそのことによってのみ、エコロジー経済が地球規模で実現されるだろう。

エコロジー、公正さと北の国

したがってこの本の最初のテーマは、「環境保護とエコロジーを優先することによってのみ、私たちはグローバルな正義に到達できる」ということになる。

第二のテーマは、「自然を最も消費している工業国が、先んじてオルタナティブな経済様式やライフスタイルを発展させねばならない」ということである。

第三のテーマは、「まさに政権を担当する緑の党によって導入されたドイツのエコロジー化による刷新路線がこの四年間で促進された結果、エネルギー政策、交通政策、自然保護および農業政策における方向転換が可能だということが明らかになった」という点である。

持続可能な開発のための地球サミット

二〇〇二年八月末にヨハネスブルクで開催される「持続可能な開発のための地球サミット」には五

〇万人以上の人が集まり、以下の総括が行なわれる。すなわちリオの地球サミットの宣言が理に適《かな》ったものとなったか、つまり環境を保護し、貧困国の生活水準を向上させたか？　ということについての総括である。私たちはこのリオの地球サミットにおける宣言からどうやってその先に進むのか？　二〇一五年までに、二〇二〇年までに達成されるべきグローバルな目標は何か？　**これらは、私たちがヨハネスブルクで答えを出さねばならない課題である。**※

増大する不安定さ

この新しい千年（ミレニアム）はエコロジーおよび政治的には、一九九〇年に大多数の人々が予測していたよりも、はるかに不安定な状況が現われつつ始まった。九〇年代には世界経済および国際社会が、これまでけっして認知されなかった程度にまでグローバル化した。新たなグローバル市場、とりわけ為替取引市場および金融市場が現われた。世界貿易機構（ＷＴＯ）から専門分野のＮＧＯネットワークに至るまでの新たなプレーヤーが舞台に登場した。グローバリゼーションは多くの新しい国際協定を通じて、新しいルールや関係をもたらした。

インターネットから携帯電話に至るまでの新しい技術開発によって、互いの距離が縮まり、コミュニケーションや物事の決定プロセスが迅速《じんそく》化した。たとえばニューヨークにある企業グループ本社の社長は、コンピューターの画面を見て、この会社のインドネシアにある営業所が儲《もう》かっているかどう

※この著書が発表された時点では、まだヨハネスブルグでの地球サミットは開催されていなかったため。

か、または自分がこの営業所を売却して、総利益と株価の上昇を狙うかどうかを判断することができる。

かつて一国を襲《おそ》った危機は、今日では世界全体に波及する。たとえばいわゆるアジア危機である。それは最初タイから始まった。タイの通貨が暴落し、東南アジア全体で何百万人もの人が職を失った。それは世界的に購買力が低下する原因となった。その結果、ラテンアメリカで公共サービスが制限されたり、アフリカでたとえば輸入医薬品の価格が上昇したりという影響に及んだ。

環境保護運動家や環境政策担当者は、すでに以前からこのたったひとつの世界の中で緊密な連鎖反応が起きていることを知っていた。残留有機汚染物質（ＰＯＰ）は、とりわけ南の国々で使われ、とりわけ極地の氷雪地域に住むイヌイットや、エスキモーたちの生存を脅かしている。オゾンホールはとりわけフエゴ島（南米の南端部にある島）に住む人々を危険にさらしている。チリ南部の住民たちはけっしてその汚染（加害）者ではないにもかかわらず。気候変動は、その原因の大部分に責任がある北の豊かな国々よりも、南の国々の貧しい社会により大きな負荷を与えている。

「**世界経済のグローバル化に関する調査委員会**」は、その中間報告において、激化する国際間競争が、構造転換や労働の分化、技術の発展を加速させる「ムチ」として機能していると述べている。グローバリゼーションは公共財である空気、土壌、水、生物種や、文化財である人権、文化的多様性、社会正義や法治国家の原理といったものをないがしろにする。

その原因はいったい何であろうか？　グローバリゼーションはとりわけその急激な加速度でもって、長期的な視野の下での計画的取引を促進するのではなく、その反対に短期的思考を促進させる。

純粋に経営学の論理や短期的株式投資を優先する人は、このたったひとつの世界が一種の企業体以外のなにものでもないと考えているか、あるいは物価が下落することによって破産するかもしれないということだけを気にしているのである。

他方でグローバリゼーションは、知識や情報のグローバル化もまた促進させてきた。そこにはまた人間社会の諸問題が、どこまで地球規模で解決可能であるかということについての知識や情報も含まれる。さらには、このたったひとつの世界がどうせ破産するのであれば、そういう知識や情報は知らないままでよいという人もいる。

しかしながら、ネズミのように穴の中にもぐっていたくはない、という人の数も増えている。今世紀の政治的課題を自分自身の課題と受け止め行動しようとする人々もますます増えている。その結果、国連会議やWTOの国際貿易ルール会合の際に世界全体から集まってデモをする市民の数もまた増え続けている。

すなわち経済や知識のグローバル化によって、またその不公正な結果に対する異議申し立ての動きもまたグローバル化しているのである。

これは将来、希望をもてる一つの発展形態である。

「世界経済のグローバル化に関する調査委員会」：世界経済のグローバル化に関する現状を調査し報告する目的で、ドイツ連邦政府内に設置された臨時委員会。二〇〇二年六月二十五日に六〇〇頁に及ぶ最終答申をまとめた。

地球は、私たちが借りている一戸の家屋にすぎない

私たちはここでとりわけもう一度、「私たちはこの地球を、私たちの子どもたちから借りているにすぎない」という言葉が意味する内容を理解するべきである。その言葉は、何らかの成果を私たちに求めている。というのも、南の国の人々や将来世代の人々が、日常レベルで私たちと平等なレベルになるべきだといった単なる理想論は、彼らの現実の生活状況を変える力にはけっしてならないからである。

ここで、この「一個の地球」という、現在六〇億人が借りている巨大な家屋のことを考えてみよう。その家屋の住人たちは、それぞれさまざまに異なった利害関心や、生活習慣や要求をもっている。さらに彼らのもつお金や権力の大きさはそれぞれ異なっている。彼らの家屋はまたそれぞれ異なるスタイルで建てられている。中にはエアコンのない家屋もあれば、トイレさえない家屋もある。

狭い部屋に押し込められて生活している人たちもいる。その中のひとりが病気にかかると、他の住人の多くもまた病気になり、必ずしもその全員が医者にかかれず、薬も手に入らないといった状況が存在している。その一方でバルコニー付きの一戸建ての家で、立地や空気や日光に恵まれた家屋で暮らしている人もいる。

目下、大半の人たちは自分のマンションを良好な状態で手に入れることができている。しかし玄関前に廃棄物を積み上げたり、周囲の静けさを根本的に変えてしまうような改築計画をしたり、他方で

は吹き抜けの階段の一部を処分したり、まったく屋根の手入れを行なわずに放置しておいたり――その結果、こうしたマンションの住人は皆、とんでもない問題を抱えることになる。

つまりその結果、これ以上住めなくなったり、手に入れられなくなったりするマンションが現われることになる。家屋の各部分は傷《いた》んでくる。建設現場の石くずやゴミの上にねずみが巣を作り、その間に雨やあられがまだ無傷の家の外壁に吹きつける。だが新しい建築資材はない。いったんだめになったマンションは、もはや再建することは不可能である。そこでマンションの住人たちは、ますます隙間をつめて家屋を建てなければならなくなり、その結果、隣同士のいざこざが起こるようになる。彼らの子どもの世代にはこの家屋同士の隙間はさらに狭くなるだろう。

明らかなことは、もはや従来どおりのようには事はうまく運ばないということである。というのも住居とは、人がそこに住むことができてこそ、人の役に立つものだからである。

したがってマンションの居住者は皆、できるだけ早急に拘束力をもつ住宅法令をとりまとめ、それが施行されるように働きかけねばならない。というのもマンションの居住者は自分の持ち家に住んでいるのではなく、このマンションを賃借りしているにすぎないからである。彼らは皆この自分たちの住居をいつかは次の世代に譲り渡さねばならない。子どもや孫はしかし、使い古された住居には住みたがらない。彼らは新品の内装、新品の屋根、草木で鬱蒼《うっそう》とした庭のある家を求めるだろう。

住居と庭の譲渡記録を私たちが今作成し、その著《いちじる》しい欠陥箇所《かしょ》をリストアップするとすれば、次のようになるだろう。すなわち毎年、この賃貸マンションの居住者たちは地球全体で二〇〇億トンの収穫量に相当する耕地と一五〇〇万ヘクタール以上の熱帯林を失っていることになる。これはドイツの国土の半分の土地に相当する広さである。さらに毎年六〇〇万ヘクタールの土地が砂漠と化している。この地球というマンションの上の階で快適に暮らしている住人たちは、数え切れないほどの廃棄物を生産している。つまり家庭廃棄物、産業廃棄物、特殊廃棄物、核廃棄物、排気ガス、さらには家庭内にも入り込んでいる有毒ガスや有害化学物質といったものである。これらの廃棄物は、すべて地球という名のマンションの住民にとって、ますます危険なものになっている。そのマンションの屋根には穴が開き、いたるところで修復不可能になっているのである。

景観美の修復作業は、今日もはや十分には行なわれていない。地球というマンションの住人たちは、家屋と庭の両方を破壊することなく生活することを学ばねばならない。

この現在の地球の住人たちは、自分が利用できるものをすべて自分のものにしているのだから、少なくとも大半の人々がうまく生活していけるように配慮するのが当然である。しかし実際はその反対である。六〇億人の地球の住民のうち豊かな者はただ一〇億人だけであり、もう一〇億は多かれ少なかれほどほどの生活条件下で生活しており、残りの四〇億は貧しく、人間の尊厳に値しないレベルの生活を営んでいる人々もいる。とりわけ一〇億人は飢えている。そして毎日二万四〇〇〇人の人々が餓死《がし》している。

これらの貧しい人たちがいるおかげで、私たちはより良い、より公正な生活レベルを維持できているのである。しかしさらに重要なことは、今日のライフスタイルが地球という家屋の存立を危うくさせていることである。

今から千年前、いや五百年前に人々は、人口が急増するか、または自分たちの居住地域が使い尽くされれば、住人全員で他の土地へ引越しすることができた。冒険家やヨーロッパからの避難民たちはアメリカ大陸に定住した。しかしその場合、北の国々においても南の国々と同様、先住民の人たちの一部を社会的に排除しなければならなかった。

地球が今後イースター島のような発展過程をたどるならば、人類の滅亡が待ち構えているといえるだろう。イースター島はかつて森が生い茂り、快適で多様な生活圏であった。それゆえ人々もまたそこに定住した。イースター島で森林伐採が行なわれ、島の住民たちが漁猟をするための筏《いかだ》を組み立てるのに使う材木がなくなってしまったとき、島を飢えが襲い、部族間の争いが起き、最後には島の部族社会のすべてが崩壊したのである。豊かな島がやつれ果てた、やせた荒れ地と化した。おそらく生き残った者たちは当時他の島々に救いを求めることができたであろう。

しかし彼らもまた地球規模の気候変動からは逃れることはできない。（地球に住む）六〇億の人々にとってはなおさらのことである。

地球環境が有限であるため、私たちは、五十年後この世界全体で九五億人が暮らしていけるような可能性を模索し、試さなければならない。**エイモリー・ロビンズとペーター・ヘニッケは、彼らの『ファクター4』**の研究において、私たちの地球は修復不可能な損害を受けることなく、それほど多くの人口を住まわせることができることを証明した。言いかえれば、私たちすべてが、私たちが今日行なっているよりもさらに賢明なやり方で資源を節約しなければならないということである。先進工業国が今、そして予測可能な未来においての他のすべての国々が一斉に方向転換すれば、二〇五〇年に予測されている九五億の人々が、七〇年代のヨーロッパ並みのレベルの生活を営めるようになるだろう。そして地球上に住む人々は、七〇年代のヨーロッパのような生態系の損害を引き起こすことなく、この豊かさを享受できるようになるだろう。

消費と浪費

このひとつの地球がこうした問題に対処するには、どうすればよいのだろうか？　この五十年間に有限な地球資源の消費が急速に高まった。すなわち石炭、石油、ガスといった化石燃料エネルギーの消費量が、一九五〇年以降、五倍に増加した。今日人々は、自然界で五十万年かけて生産される分量の化石燃料を、一年間で燃やしている。真水の消費も一九六〇年以降にほぼ二倍に達した。今日企業および家庭では、二十五年前と比べて木材の消費が四〇％増えている。

資源の浪費は、価格が実際のコストを反映していないために、さらにエスカレートしている。資源の利用に加えて地球の大気圏の破壊は「これまでは」簡単には考慮に入れられなかった。環境負荷が考慮されているところでのみ、しばしばそれらは不完全な形で露呈した。生物種や景観、新鮮な空気、静けさ、きれいな水、収穫の豊かな土地の喪失、あるいはゴミの堆積による土地の喪失——これらすべては、価格にほとんど反映されない環境負荷なのである。

有限な資源を惜しげもなく消費することが、市場への不平等な参入機会を招いている。世界中のほとんどすべての市場に参入することができる人は、相対的なメリット——無料で手に入る水や、安い輸送費用といったもの——を自分自身のために利用できる。供給能力の高い市場——たとえば高額の補助金支給を受け、保護主義政策によって保証を受けているヨーロッパや北アメリカの農産物市場のような——への参入機会を妨げられている者もいる。

工業国で暮らしている人は、発展途上国の人々の平均約十倍の温室効果ガスを排出し、大気を汚染している。統計的にはアメリカ市民は、二十倍もの量を排出していることになる。ガソリン消費量は

エイモリー・ロビンズ（Amory Bloch Lovins）：物理学者。一九四七年米国ワシントンD・C生まれ。ハーバード大学とオックスフォード大学に学び、国際的な環境NGOのネットワークFOE（Friends of the Earth）のイングランド代表を経て、一九八二年、ロッキー・マウンテン研究所を設立。効率的なエネルギー利用方法を導入し、最終用途に適合した再生可能エネルギーを開発してゆく「ソフトエネルギーパス」という概念や、エネルギー効率原則に関する業績で有名。著書（邦訳書）ではエネルギー政策の未来を見通した著書『ソフト・エネルギー・パス——永続的な平和への道』（時事通信社、一九七九年）が有名。その他『スモール・イズ・プロフィタブル——分散型エネルギーが生む新しい利益』（二〇〇五年、省エネルギーセンター）、『環境「利益」（原題：CLIMATE－Making Sense and Making Money）』（一九九八年、KBI出版）などがある。

ペーター・ヘニッケ（Peter Hennicke）：ブッパータール気候・環境・エネルギー研究所所長。省エネ技術分野の研究で有名。邦訳書に『ネガワット——発想の転換から生まれる次世代エネルギー』（二〇〇一年、省エネルギーセンター）がある。

「ファクター4」（Factor 4）：「生活の豊かさを二倍に、資源消費を半分に」という、一九七〇年に設立された「ローマクラブ」のレポート「第一次地球革命」（一九九二年）の中で示された理念。その後エイモリー・ロビンズらによって、具体的なレポートが作成された。「環境への負荷をなるべく小さくすると同時に、我々の生活の質も高めよう」という考え方を指す。

サハラ砂漠の南側では、七二キログラムの原油に相当するが、工業国では五〇〇キログラム相当量になる。

世界の人口のうち下位二〇％の最貧困層が消費する肉の量は、世界全体の肉の消費の五％以下であるが、上位二〇％の最富裕層ではその十倍を消費している。つまり世界中の食肉の約半分の量になる。多くのアフリカ諸国で食肉不足が起きているのは、（家庭内で）最初に男性が食事をとるという生活習慣のせいである。つまり女性や子どもは、男性の食べた残り物にしかありつけないからである。そこにはもはやたんぱく質の含まれた食品は残っていないというわけである。

この五分の一にあたる最富裕層と、五分の一の最貧困層との消費量の差が、ますます深刻になってきたことから、国連開発計画（ＵＮＤＰ）の世界開発プログラムは、一九九八年の年次報告でこの問題を取り上げた。工業国では一人当たりの消費量は、この二十五年間に毎年約二・三％の割合で継続的に上昇をつづけている。他方、アフリカの一般家庭の平均では、二十五年前と比べ二〇％消費が減少している。五分の一にあたる最富裕層は世界中の消費量の八六％を占めており、五分の一の最貧困層は一・三％である。

グローバリゼーションは、貧しい者と富める者との格差を拡大させた、とドイツ政府のグローバリゼーション調査委員会の報告では率直に述べられている。ＵＮＤＰの世界開発プログラムは、世界中で最もお金持ちのベスト3のもつ財産価値が、世界で最も貧しい四八カ国の国民総生産の合計分を上回っている、と報告している。他の一例を挙げれば、**ケイマン諸島**という、二五九平方キロメートルの面積を持つ、三つの平らな珊瑚礁《さんごしょう》からなる島には、約三万人が生活しているが、そこは九〇年代に優にアフリカ五〇カ国分の合計に相当する分よりもさらに莫大な資本の流入があった。ケイマン諸島は税金天国である。ドイツ連邦議会の調査結果から予測されるのは、このようにグローバリゼーションの構成条件が維持されるかぎり、貧富の差がますます拡大していくということである。

この問題は極めて広範囲に及ぶ問題であるため、北の国々の消費者が消費を抑制するくらいのことでは解決されえない。北の国々の市民のすべてが自分の収入の一%を、南の国の人々を救うために支出するといった類の、安直な解決策の立場を私はとらない。これでは、生態系の濫用という問題も解決することはできず、貧困問題の解決にもならない。南の国の人々は、外貨での支払いに目が慣れて、ますます北の工業国に依存するようになっている。これでは資源の濫用を抑えることはできないどころか、間違いなくエスカレートさせるだけだろう。

このグローバリゼーションに関する諸問題の解決策は、アフターケアや外貨の為替レートを上げることに限られるものではない。むしろ私たちには、社会的に公正で、エコロジーの観点で持続可能な、拘束力のある法的枠組みが必要である。その法制度は、新しい市場やプレーヤー、諸々の手段、生産と消費過程に一貫して取り入れられるべきものである。

そのためには、私たちはいくつかの伝統的な考え方から決別しなければならない。


ケイマン諸島（Cayman Islands）：メキシコ、キューバ、ジャマイカに囲まれた大西洋上（カリブ海北部）に浮かぶ、西インド諸島を構成する諸島の一つ。イギリスの王領植民地（Crown colony）。グランドケイマン、ケイマンブラック、リトルケイマンの三つの島からなるリゾート地域。人口は約四万一〇〇〇人。首都はジョージタウン。

「南」と「北」はもはや存在しない

貧しいものと富める者との格差は、北と南との間で進行しているのではなく、これらの社会——すなわち南や北の社会の内部でますます進んでいる。もはや「いわゆる南もしくは北の国々」について語っている場合ではない。「南」は今日では多様化している。現在、南の八〇カ国の国々では、過去十年より一人当たりの収入が低下している。さらに一部ではすでに平均寿命も下がってきている。他方で他の南の国々では著《いちじる》しい成長率が示されている。

多くの石油産出国においては、あるいはいくつかの中開発国においては、いつのまにか大勢の人々が北の国々と同様のライフスタイルを営むようになった。彼らは「世界の上層階級」の一部として、自分自身の居住地に縛られていない。世界的に力のある上層階級の人々が住む中開発国は、資源効率の向上や再生可能エネルギーの導入と並んで、経済のエコロジー化を進めるうえでの重要な役割を担っている。

ここ北の国で広がる中流階級に数えられる人々は、地球レベルでは上層階級の一部となる。もちろんこの階級の内部でも著《いちじる》しい豊かさの違いが存在している。にもかかわらず、地球レベルの下層階級と上層階級との格差ははっきりしている。地球レベルの上層階級に属する人々は、通常、車や銀行口座、パスポートを持っている。もしくは子どもを一人育てられるほど十分豊かである。彼女ら、彼らはしばしば質のよい学校教育を受けている。大ざっぱに言えば、地球レベルの上層階級に所属するのは北の国々に住む多くの人々であり、南の国に住む、権力や資金を持っているエリートたちである。

他方で、南および北の国々の人々すべてのうち、数字上極めて多くの階層の人々が、残りわずかな資源で生き延びるために、あるいはかろうじて自分自身の現在の生活を継続していくために、全力を投じなければならない状況下にある。

まさに単一の「南」という概念が存在しないのと同様、今日では単一の「北」という概念もまた存在しない。第一に、東欧の共産主義体制の崩壊によって、変わりつつある一連の新たな国々が生まれた。それらの国々は市場経済が発展する途上で、あらゆる既存の経済要素が崩壊し、苦悩している。第二に、第一・第二世界の真っただ中で、ますます多くの第三世界の孤島ができているということである――すなわちアルバニア、ロシアの一部、パリ郊外区域、アメリカの農村部などである。アメリカのインディアン（先住民族）特別居留地の失業率は、七〇％近くにまで達している。

実際に事実に合致した情報が不足しているが、しかし私は以下で、あえて北と南について述べたい。それらは少なくとも「工業国／開発途上国」という対概念よりも正確にその問題性を描写しているからである。

誤ったやり方と仮想敵

地球上の六〇億人のすべてが上層階級のような浪費生活はできない、というのは争う余地のないことである。しかし効率的な資源利用に向けて議論を建設的な方向に導く代わりに、たとえば中国に住む一三億の人々がこの上層階級のライフスタイルを取り入れたとしたら、どんなことが起きるかということについて、ただ警告だけする人々もいる。

こうした議論は容易に袋小路に陥《おち》いる。現在、地球上の五人に一人が中国に住んでいる。私たちは中国抜きでは気候変動は抑制できないことは確かである。とくに、たとえばヨーロッパ人自身が享受している、暖房やシャワー、冷蔵庫やテレビなどを、中国の人々に与えないままにしておくことは、持続可能でもなければフェアでもなく、また不可能なことである。ここでの目標は、ただ世界的にバランスのとれた生活の質を創造するための技術や方法を発展させること――それもこの地球を廃墟と化すことなく――しかありえない。

京都議定書で締約された温室効果ガス削減に関する遵守義務を、アメリカが拒否したのは、中国が削減義務を負っていないという理由によるものであった。今や中国はアメリカよりずっと先を進んでいる。もっとも楽観的なシナリオによる予測でさえ、今後数年間のアメリカの温室効果ガス排出量は、一五％上がるとされているのに対して、中国はこの五年間で経済成長率が三五％アップしたにもかかわらず、CO_2の排出量は七・三％低下しているのである。この成長と排出量との逆相関が中国で成し遂げられたのも、とりわけ思い切って石炭採掘への補助金を打ち切った成果によるものである。気候保護に関しては、中国はアメリカより先駆者といえるのである。

人口過剰？

人口統計学者のなかには、人口の増大は天然資源の濫用の拡大が原因であると主張する人がいる。それゆえ世界人口を一〇億ないしは二〇億まで減らすべきだという話である。不思議なことに、この種の人口統計学者は、ほぼ並行してドイツで子どもの数をますます増やすよう取り組まれていることに対しては、何の問題も感じていない。

彼らが物事を首尾一貫して主張したいのであれば、北の国々の人口を減らすよう要求しなければならないはずである。というのも、一人当たりの資源消費に必要な土地面積、または「**エコロジカル・フットプリント**」にもとづけば、ドイツ（一人当たり五ヘクタール必要）やアメリカ（一〇ヘクタール）は人口過剰であり、インド（〇・八ヘクタール）や中国はそうではないことになるからである。この計算でいけば、たとえばハンブルクは**ノイミュンスター、ウィッテンベルゲ、ゾルタウ、ブレーマー**

エコロジカル・フットプリント（ecological footprint）：人間活動が「踏みつけた面積」を意味し、人間の環境依存度を測る新たな指標として注目されているもの。具体的には、あるエリアの経済活動の規模を、土地や海洋の「表面積（ヘクタール）」に換算。この表面積（エコロジカル・フットプリント）をエリア内人口で割って、一人あたりのエコロジカル・フットプリント（ヘクタール／人）を指標化する。

ノイミュンスター（Neumünster）：ハンブルクの真北、ドイツ最北端のシュレスビヒ・ホルシュタイン州の中央部にある都市。人口約七万八〇〇〇人。

ウィッテンベルゲ（Wittenberge）：ハンブルクの東南、ブランデンブルク州にある都市。人口約二万人。なお宗教改革指導者のマルティン・ルターが滞在したことで知られる、ザクセン＝アンハルト州にある都市ウィッテンベルク（Wittenberg）とは別の町。

ゾルタウ（Soltau）：ハンブルクの真南に位置し、ブレーメン、ハノーファーの間に位置する、ニーダーザクセン州の都市。人口約二万二〇〇〇人。

ハーフェンの間にまたがる全地域に拡大されてしまう。つまり、このハンザ都市のエコロジカル・フットプリントはそれだけの面積を持っているのである。

とりわけ北の国々の資源の消費が問題であるのに比べれば、世界の人口総数の問題はまだ小さく、南の国々の人口数に至ってはさらに些細《ささい》な問題なのである。

貧しさか豊かさか——どちらがより大きな環境への害毒か？

真に危機に瀕している貧困層が、自然の生存基盤をさらに破壊している張本人となっている状況は、インディラ・ガンジーの「貧困こそ環境に対する最悪の害毒である」という名言に言い表されている。すべての人々の経済的生活を維持するための戦略と結びつけて考えることなくして、私たちが種の絶滅、気候変動、自然資源の濫用といった地球規模の環境危機を回避することができないだろうという見方は正当である。

社会的公正の問題をないがしろにすべきではないという、ガンディーの明言は、エコロジストたちに警鐘を与えている。

しかしこのインディラ・ガンジーの名言から三十年経った今、「貧困こそ環境に対する最悪の害毒である」という彼女の命題は、もはや誤りにさえなっている。私たちが、上層階級の人々によって莫大な量の資源が——とりわけ北の国々で——消費されていることを考えてみるならば、つまり彼らのエネルギー消費やCO_2の排出量を考えるならば、逆にこう言わねばならない。「豊かさこそが環境に対する最悪の害毒である」と。

将来に有効なのは、ただ私たちのライフスタイルのすべてを、根本的にエコロジカルなものに改善することだけである。これはたとえば個人消費に関してといった量的な制約問題に取り違えられてはならない。**カルヴィニストの禁欲的倫理**によっては、グローバルな正義は作り出されることはない。そうではなく、あらゆる生産および消費スタイルの包括的な質的改革が重要なのである。

ここでの目標は、技術的なノウハウやエコロジカルな感受性によって、今の世代や将来世代にグローバルな正義や豊かさをもたらすライフスタイルを発展させることである。その際の実際的方法と

ブレーマーハーフェン（Bremerhaven）：ハンブルクの真西、ブレーメンの真北に位置し、ヴェーザー川（Weser）の河口に面する港町。人口約一一万六〇〇〇人。

ハンザ都市（Hansestädte）：ドイツ中世の自由商業都市連合体である「ハンザ同盟」に加入していた歴史都市。代表的な都市にリューベック（Lübeck）、ブレーメン（Bremen）、ハンブルク（Hamburg）、ロストック（Rostock）、ヴィスマール（Wismar）などがある。

インディラ・ガンジー（Indira Gandhi, 一九一七〜一九八四）：インドの第三代首相。父ジャワハルラール・ネルーはインドの初代首相。マハトマ・ガンジーと血縁関係は無い。一九六六年から一九七七年、一九八〇年から一九八四年の間、インドの首相を務めた。

カルヴィニストの禁欲的倫理：ドイツの著名な社会学者マックス・ウェーバーが主著『プロテスタンティズムの倫理と資本主義の精神』で指摘した、近代資本主義の発展要因としての、カルヴィニズム（スイスの宗教改革者カルヴァンの提唱した）の禁欲的な職業倫理を指す。カルヴァンの唱えた「職業召命観《しょうめいかん》」によれば、人は自分のもって生まれた運命を変えることはできず、自分に与えられた職業を「天職」としてまっとうし、励むことこそが、神の恩寵《おんちょう》を受けるための条件であるとされている。

は、あらゆる環境負荷を価格に内部化することである。これは循環型社会システムの強化や、再生可能エネルギーの強化、資源効率の向上を促進させる。言い換えれば、どうすれば半分のガソリンで二倍のキロメートル数を走行できるか？　という問題になる。

エコロジーへの転換は可能である。その道は技術革新へと通じている。さらにその道はエコロジーでかつ公正な基準のグローバル化、ノウハウのグローバル化へと通じている。

不可能なものは何もない？

カール・ツックマイヤーは一九四二年に『悪魔の将軍』を著し、そこで彼はヨーロッパでのナチスによる捕縛行為の破廉恥さを描き出そうとした。彼はある食事会へ招待された話を選んだ――彼の代弁者として、その話の中にはナチスの将校たちへの給仕を要請された、フランス人の給仕が描かれた。第一幕の始まりと同時に、空軍将校のハラスが自分の顧客を連れてきたまさにそのとき、この給仕のフランソワはこう語った。「私たちは多くの国が占領されたことに感謝しています」と。すなわち、前菜はノルウェーから、ロブスターは**オーステンデ**から、野鳥はポーランドから、チーズはオランダから、バターはデンマークから、野菜はイタリアから、キャビアはモスクワから、シャンパンはフランスから手に入れられるからという訳である。それを聞いた彼の同僚であるドイツ人給仕のデトレフは、このシャンパンは「**リッペントロップ**の登録商標」よりもいけるだろう、とコルクの栓《せん》を抜きながら、得意げにそう思った。

一九四二年に、これらのさまざまなヨーロッパ産の製品が入手できたことは、まさに帝国主義の真骨頂であった。今日ではもはやヨーロッパ産だけでなく、はるかに遠いところで作られた製品が私たちの食卓に並ぶようになった。たとえばチリやニュージーランド産のりんご、ケニアやサヘル地域産の大豆、カナダ産のサーモン、コートジボアール産のバナナ、カリフォルニア、南アフリカやオーストラリア産のワイン、イラン産のいちじく、ブラジル産のマンゴー、ニュージーランド産の子羊や、エクアドルあるいはタイ産のエビなどである。それらは**アルディ**（Aldi）や**プルス**（Plus）で手に入る

カール・ツックマイヤー（Carl Zuckmayer）：ユダヤ人でドイツの劇作家、脚本家。一八九六〜一九七七年。代表作に『悪魔の将軍（Des Teufels General）』、『ある恋の物語』『クリスマスの夜』『レンブラント〜描かれた人生』『ケペニックの大尉』など。映画『逃げちゃ嫌よ』（一九三五）の脚本、マレーネ・ディートリヒが出演した『嘆きの天使（Der Blaue Engel）』（一九三〇）の脚本家のひとりとしても有名。声楽家・田中路子との恋でも知られる。

オーステンデ（Ostende）：ベルギー北部にある、北海に面する港湾都市。

リッベントロップ（Joahim von Ribbentrop）：ナチス・ドイツの外交官。ヒトラーの外交政策顧問となった人物で、元ワインやシャンパンなどの酒類輸入業者。

アルディ（Aldi）：ドイツに本社を置く、大手の安売り商品チェーン。ヨーロッパ全土を中心に、アメリカ、オーストラリアなど国際的に店舗を展開している。

プルス（Plus）：ドイツに拠点を置く、大手安売り食料品チェーン店。ヨーロッパ全土に販路を拡大している。

が、**カデヴェー**（KaDeWe）**百貨店**や高級食料品店では手に入らない。

食品市場のグローバル化によって、世界中の上層階級は、世界中の食料品や、肉や魚などのエネルギー価の高い食品を簡単に安く手に入れられるようになった。やがてエビも、中クラスの居酒屋チェーン店ならどこにでも見かける、電子レンジ用食品の一種となった。エビは二十年前はまだ高級な希少品であった。しかし需要が高まるにつれ、エクアドルやインド、タイの商業用生産物となった。その供給が増えるにつれ、消費者価格が下落し、再び需要も高まった。その結果さらに多くの量が生産された。九〇年代には北の国々のエビの消費量は三百倍に達した。エビの価格は一九八六年から一九九六年までの十年間に、一四ドルから五ドルにまで下落した。

その逆に、かつての国産食料品を大量に入手することは、高級食料品店に限って可能となった。商業用生産物が生産できないところでは、乱獲だけがはびこることになった。私の若い頃には、ニシンは貧しい人が食べる食事であった。今日ではニシンは高級食品となった。ヒラメのほとんどは絶滅している。

ときおりグローバリゼーションによって、忘れられていた味覚が再び戻ってくることもある。六〇年代にはほとんど誰もが**スイスチャード**を知らず、**カキネガラシ**は完全に忘れられていた。今日では味のよいホウレンソウの代用品がどこの定期市でも買えるし、**ルコラ**入りの料理を出していないイタリアレストランはない。再輸入されることによって昔の野菜が見直されるようになり、エコロジー栽培された野菜を食べる機会が再び高まるとともに、地域の食材が見直されるようになった。

世界の上層階級に属する消費者は誰でも、「全世界」のものを入手できる。彼は国境を超え、一部はボーダレスにモノを求めるグローバル・プレーヤーである。玄関先にリゾート地域がない人や、**ジュルト**または**ウーゼドム**で休暇を過ごすことができない人は、**アンタリヤ**や全行程食事付きでドミニカ共和国へ飛ぶ人もいる。家族とともにドイツの北海沿岸の島で休暇を過ごすよりは、八時間かけてカリブ海まで飛行機で行くほうが、はるかに安上がりだからである。チャーター機を利用して移動しても、ドイツ国内を鉄道で移動するよりもわずかに料金が高いくらいなので、安い給料でも格安料金でカリブ海に直行できるのである。ドイツ政府はそれゆえ観光局と協力して、楽しい格安旅行と自然資源の保護とをセットで組み合わせようとしている。これに当たる例として、『ビア・ボーノ(Via

---

カデヴェー百貨店(KaDeWe, Kaufhaus des Westens):一九〇七年創立。ベルリンの都心にある欧州で二番目に大きなデパート。

スイスチャード(フダンソウ):アカザ科の耐寒性一年草または二年草。ホウレンソウの仲間で、テンサイ(ビート)によく似ている。サラダや炒め物にすると美味しい。

カキネガラシ:欧州原産のアブラナ科の一年草または二年草。高さ四〇~八〇センチ。日当たりのよい道端や荒地に生育している。四月~七月に花が咲く。

ルコラ(rucola):イタリア産の野菜で、サラダによく使用される。ビタミン、ミネラルを豊富に含む。

ジュルト(Sylt):シルト島。ドイツ最北部、デンマークとの国境地域にある北フリースラント諸島の最大の島。

ウーゼドム(Usedom):バルト海にある島で、ドイツとポーランドの国境にまたがる。面積四四五平方キロメートル。人口七万六〇〇〇人。

アンタリヤ(Antalya):地中海に面したトルコの町。「トルコのリビエラ」ともいわれるリゾートタウン。

Bono）＝よい旅行を！』という名の旅行ツアー企画が提供されている。

このように上層階級に属する人々の食事や旅行のグローバル化は、私たちが感覚的に体験できるものであるだけに、彼らはそれにますます殺到するようになるだろう。

グローバリゼーション――流行中のスローガン

海外貿易で扱われる商品のシェアは、第二次大戦の終結以降、急速に伸びている。やがてこの伸びはネズミ算的に増え、九〇年代には最大の伸びに達した。グローバリゼーションの巨大な波は、原油の産地を突き破り、八〇年代以降は国際金融市場と密接に絡み合い、為替レートの自由化を促《うなが》した。さらに大きなグローバリゼーションの波が起こったのは、一九八四年のアメリカで、インターネット技術が一般市民の生活領域を解放して以降のことであった。インターネットサービスを受けており、ネットに常時アクセスできるユーザーの数は、一九九〇年には約三〇万人であったが、一九九六年には九〇〇万人以上に達した。二〇〇一年末には四億七四〇〇万人もの人が自宅でインターネットの個人接続サービスを受けていた。一九八九年の東西紛争（冷戦）の公式終結宣言以後、政治的なグローバリゼーションが起こり、さらに一九九五年にはＷＴＯが設立され、経済にもさらなるグローバリゼーションの波が押し寄せることになった。その間にグローバルな金融市場が、同時にその脆弱《ぜいじゃく》なシステムに起因する途方もなく大きなリスクを内在する、変動の中枢となった。

スローガンとしてのグローバリゼーションは、一九八九年以後になってはじめて注目されるようになり、九〇年代にはその意味は何度も変化した。一九九二年のリオの地球サミットにいたるまでは、主に環境破壊のグローバリゼーションについて語られていたが、その後は別の内容が浸透していった。すなわちグローバリゼーションとは、今日では北の国々が特権をもつ成長志向のグローバルな市場経済のことであると理解されているのである。

グローバリゼーションと画一性

やがてグローバリゼーションは、それ自体が介入可能なほとんどすべての領域に広がった。すなわち原料や工業製品のみならず、あらゆる種類のサービス事業にも広がっていった。それにはメディアや観光産業、映画産業、ポップス音楽から、他方では新たなレジャー産業路線の国際化も含まれる。さらには消費生活習慣の画一化、経済および社会におけるアングロサクソンの法体系による規範の浸透や影響力の増大（**リューネブルク**の荒地で起きた**列車事故**の被害者がアメリカの裁判所に提訴した）、「唯一」の世界言語としての英語のさらなる浸透（他の世界言語、たとえば中国語、ロシア語、スペイン語、アラビア語あるいはアフリカのスワヒリ語を犠牲にして）などもこれに相当する。これらのグローバルな

リューネブルクの荒地（Lüneburger Heide）：ドイツ・ニーダーザクセン州の中心都市、リューネブルク市の南方に広がる広大な自然保護地区。森林の伐採で土地が枯渇し、巨大な荒地になっている。

列車事故：一九九八年七月三日、リューネブルクの荒地内にある村エシェーデ（Eschede）付近で起きた、ドイツ鉄道の超特急ＩＣＥ（インターシティ・エクスプレス）の大事故を指す。車輪部分の破損が原因とされ、列車は大破、死者一〇一名、重傷八八名という空前の大列車事故となった。被害者の中にアメリカ人が含まれており、その遺族が慰謝料をめぐってニューヨークの州裁判所にドイツ鉄道を相手取って提訴した。

ネットワークに参加していない者は、たとえば電気を使用できない人や、英語を話せない人は、締め出されてしまう。世界はこれらのネットワークに参加できる者とそこから締め出された者とに、ますます両極化されていくのである。

グローバリゼーションというスローガンは、エコロジーの危機をも招いている。それは避難民の移動を促《うなが》す結果、近隣地域の負担が増大し、環境も一部では必然的に荒廃する。コンゴにあるルワンダ人の難民キャンプの映像が今私たちの目の前にある。やがて世界中で戦争難民としての環境難民がますます増えるだろう。エイズのような感染症の拡大もグローバル化される。結核もアフリカだけでなく、ロシアやアメリカの諸州にあるスラム街にも転移して広がっている。

さらに別種の危機的現象もまたグローバル化されている。数え切れない人々が、巨大な、それも国家由来でない原因による暴力に直面している。たとえば世界各地で紛争や襲撃、略奪などが、とりわけ発明者にちなんでカラシニコフと名づけられたＡＫ47による戦闘が相次いでいる。ここ十年間でのこの小型兵器小銃による犠牲者は、大量破壊兵器による犠牲者の総数よりも多い。それらはますます多くの子どもの手にわたっている。この小型兵器の拡大を国際協定を通じて禁止し、管理しようとする努力はこれまで残念ながら挫折してきた――アメリカだけではないが、とくにアメリカが反対したことによって。ただ二〇〇一年の国連ベースの行動計画だけが採択されただけであった。

有限な空間での巨大化症候群

九〇年代は企業の合併や統合の時代であった。その結果、相当大きな多国籍企業（ＧＭやＢＰ、ネッスルなど）が、大きな工業国の下位に属する個々の国家よりも財政的に大きくなっていった。多国籍企業は世界中に展開する勢力となり、「グローバル化した政府」という名の絶大な公共性ととらえられるようになった。私は以下で――たとえこの訳語が完全に正しくなかったとしても――主に国際企業あるいは多国籍企業ないしは企業連合体（コンツェルン）という概念について述べたい。

企業連合体のグローバリゼーションと並行して、国民国家がＮＡＦＴＡやＳＡＤＣ、**メルコスール**（Mercosur）や**ＡＳＥＡＮ**といった経済圏に統合されていった。あるいはさらに欧州連合（ＥＵ）

ＡＫ47（Automat Kalashnikov-47）：旧ソ連技術者と元戦車兵のミハイル・カラシニコフによって開発された小銃。ガスピストン方式を採用し、構造が単純で生産性に優れ、故障が少ないなど優れた点が多く、一九四七年にソビエト軍に採用された。カラシニコフ銃ともいわれる。

ＧＭ＝ゼネラルモーターズ（General Motors）：世界最大手の自動車メーカー。北米や南米、欧州、アジア、オーストラリアなどに生産拠点を設ける多国籍企業。キャデラック、サターン、オペル、シボレーなどのブランドで有名。

ＢＰ：イギリスに本拠を置くエネルギー関連企業。国際石油資本（メジャー）のひとつ。ＢＰとは British Petroleum（ブリティッシュ・ペトロリアム、英国石油）の略であったが、二〇〇一年に正式名称がＢＰ（ビーピー）となった。

ＮＡＦＴＡ（North American Free Trade Agreement）：北米自由貿易協定。アメリカ合衆国、カナダ、メキシコの三国で結ばれた自由貿易協定。一九九二年十二月に調印され、一九九四年一月発効。

ＳＡＤＣ（Southern African Development Community）：南部アフリカ開発共同体。南部アフリカ開発調整会議を改組し一九九二年に設立された地域機関。経済統合や域内安全保障を目指している。加盟国一四カ国。

のような政治的統合体に統合されていった。それらは国内市場をもつ国家連合以上の存在ではあるが、連邦国家ではない。

新たな超国家連合という存在は、国際的に展開する企業の形成に対する対抗策であり、国家主導の政治からの決別ではない。この種の国家連合は、たとえばボンでの気候変動会議の際に示されたように、資源を浪費する世界的な勢力の利益に対抗し、先進工業国に対し温室効果ガスの排出を抑制することができる。

とりわけ国連の枠組みの下で行なわれる、この種の多国間組織の強化に向けてのイニシアチブは、成長する多国籍企業や経済力の高い国家、ならびにそれらに従属する諸機関の政治的な統合意志や統合能力に対抗するための、重要な試みである。

グローバルな市場に本当に参入しているのは誰か?

たいていのアフリカの国々はグローバルな市場の一部に参入しているが、実際その理由は国際通貨基金（ＩＭＦ）の強い要請によって輸出中心の経済政策を実施していることによる。サハラ砂漠以南の国々は国内総生産に占める総輸出量がラテンアメリカ（一五％）と比べて二九％も高い。しかしそれらは国際貿易量のほんの一部しか占めていない。というのも、それらの国々は、ほとんどただ原材料だけを輸出しているにすぎないからである。

ＥＵはまた、開発政策の諸手段を通じて、およそ七〇のＡＣＰ諸国（ＥＵと特別な相互貿易体制下にあるアフリカ諸国、カリブ海および太平洋上にある島国）が原料をこれ以上加工しないようにするための決定的な役割を担っている。一九七五年以来、ＥＵは基金を通じて農業用の原料の輸出所得の変動に対する保証を行なっている（ＳＴＡＢＥＸ）。一九八〇年には鉱山採掘物に対する融資条件の緩和を行なった（ＳＹＳＭＩＮ）。双方とも、南の国々が原料の加工によって利益を得ようとし始めたり、利益を拡大することを食い止めている。

これまでと同様、南の国々は経済および交通に関して、以前の植民地の宗主国あるいは先進工業国を手本としている。西アフリカから東アフリカに飛行機で行こうとすれば、しばしば途中ヨーロッパを経由しなければならない。ウガンダの副首相を務めたスペチオーザ・カジブエ女史は、一九九七年のあるインタビューのなかで、植民地時代以降の交通網の現況を、アフリカの視点からこう述べてい

メルコスール（Mercosur）：南米共同市場。南アメリカでの自由貿易市場の創設、域内での関税撤廃と貿易自由化を目的として、一九九五年に発足した関税同盟。加盟国五カ国、準加盟国五カ国で構成。

ＡＳＥＡＮ（Association of South-East Asian Nations）：東南アジア諸国連合。東南アジア諸国の経済・社会・政治・安全保障・文化面にわたる地域協力組織。加盟国は、マレーシア・フィリピン・タイ・インドネシアなど一〇カ国。本部はインドネシアのジャカルタにある。

ＳＴＡＢＥＸ：ＡＣＰ諸国に対するＥＵの農産物輸出所得安定化制度。一次産品価格の下落により輸出収入が一定比率以上低下した時に市況が回復するまで無利子融資を与えるもので、四〇以上の一次産品が請求対象として指定されている。一九七六年七月に初めて適用された。

ＳＹＳＭＩＮ：ＡＣＰ諸国を対象としたＥＵによる鉱産物輸出所得安定化のための無利子融資制度。ロメ協定により一九七九年分の輸出所得に対し、一九八〇年に初めて適用された。

る。

「誰にとっても地元に市場があるほうがベターだ。わずかな影響しか受けない、はるかに離れた場所の市場に依存すれば、人はそれらをコントロールすることがまったく不可能になり、計算が不可能になって、諸々の問題が生じる。目下私たちが議論しているのは、ヨーロッパやアメリカ、アジア諸国の市場への参入機会についてである。しかしそれはただ、私たち自身には国内需要があまりにも少ないというだけの理由からそうしているのである。私たちの国では人々は貧しくてものを買うことができない……私たちが購買力を拡大できれば、自分の力で十分自立してゆくことができる。なのになぜ私たちは自国の製品を輸出しなければならないのか？　私たちの作ったトウモロコシは、ヨーロッパで家畜の飼料になっている。ウガンダからザイール（現在はコンゴ共和国）への一本の交通路があれば、私たちは自国のトウモロコシをアフリカ大陸の内部で、ずっと高値に引き上げて売ることができるだろう。そうすれば自国民がそれを食べることができる。この問題は、私たちがアフリカ内部で商売を営む機会がまったくないことにある。交通路も、電話回線も、販売システムすら存在していないのだ」

直接投資が行なわれているのは、わずかながらの例外である。その大部分は鉱山開発に対して行なわれており――それもアフリカをまったく素通りしてしまう。アフリカはグローバリゼーションを自ら利用することはできず、その対象もしくは観客でしかない。アフリカはグローバリゼーションによって見捨てられた大陸となり、アフリカはますます不利な立場に追いやられている。

このような現状は、三つの根本的な欠乏状況によって言い表される。すなわち北の国々の経済的特権、世界中の天然資源の無償での利用、ならびに交通網および通信網のインフラに対する不十分な価格設定である。

二〇〇一年秋のドーハでのＷＴＯ会合では、地球全体の貿易における妥協なき市場供給体制にはじめて疑問が投げかけられた。ヨハネスブルクでの地球サミットは、政治的決定およびイニシアチブによって、地球環境の有限性と貴重さを考慮した持続可能な開発を促進させるものでなければならない。その際には公正な開発のための、さらには国連の環境関連機関の強化といった主要課題のための重要分野として、「水」および「エネルギー」に対するイニシアチブがとられるべきである（一九頁の注参照）。

空間、時間および需要のボーダレス化

グローバリゼーションとは、経済、商品輸送または環境破壊のグローバリゼーションだけを意味するのではない。グローバリゼーションは、技術革新による空間と時間のボーダレス化を導く要因にもなっている。たとえばテレビやインターネットのようなメディアによって、通信手段がますます迅速化していることである。空間と時間を意のままに利用することによって、私たちには有限な生態系に依存している部分があるのだという意識が失われてしまう。たとえば外国からエネルギーを持ち込むことができるならば、もはや地元で手に入るエネルギーを節約する必要性はなくなる。同じことは他のあらゆる商品についてもいえる。さらにそれは教育についてもあてはまる。より安い給料で若い専門家や才能豊かなエンジニアを「輸入する」ことができるならば、もはや教育自体

が不要になる。販売、入荷、シェア率が商品価格を決定するのであり、もはや地域供給量で価格が決まるのではない。

　このような空間と時間のボーダレス化によって、企業やメーカー、サービス業界は空間を移動することができるようになった。ただそうするだけで、地域住民もしくは労働者のような特定地域に拘束されている人々に、より激しい競争圧力を加えることが十分可能となった。空間と時間のボーダレス化によって私たちはまた、大して努力することなく自然空間を支配し、見捨て、世界中のどこか別の地域の自然空間を征服することができるようになったのである。

近隣空間の征服

ボーダレス化とその結果、交通手段が自由な空間を切り開いた。このような移動の加速化や長距離移動の克服が必要条件となっているところでは、それについていこうとする人は、つねに活動的でなければならない。そうして、遠く離れた場所に決定を依存する傾向がさらに強まるのである。

　工業国においてさらに広範囲の大衆が車を手に入れることができるようになって以来、町の様子は完全に一変した。町は――人口が増加しなくても――倍の広さに拡大した。一部では四倍もの広さになった。家族は町の郊外にある一戸建ての家で休息ないしは休養をとっている。企業や大手のチェーン店は、町の区画の外に土地を購入し、大きな倉庫や店舗用の土地、さらには巨大な駐車場を確保している。

　空間のボーダレス化は、新たな需要を生み出している。誰もが緑の中で暮らしたいと思うようになり、同時に人は町の近所づきあいも忘れがたく、さらには車や飛行機あるいは鉄道で長距離を移動せずに済ませたいと思っている。

第二次大戦以降、飛行機は通常の交通手段としてますます利用されるようになった。飛行交通網は、休暇旅行からビジネス旅行、さらには航空貨物便にいたるまで急速に拡大した――その輸送コストは反対に低下していった。たとえば乗客一人当たりの平均飛行距離にかかる輸送コストは、一九三〇年では〇・六八ドル（一九九〇年のドル価格基準で）だったのが、一九九〇年にはわずか〇・一一ドルとなった。その結果、飛行回数は増加した。そのため、現代の飛行機がより静かで汚染の少ないものとなっているにもかかわらず、気候に対するネガティブな影響が増大しているのである。

ＩＣＥ（インターシティ・エクスプレス／ドイツ鉄道の超特急列車）に乗ると、ベルリンからボンまで五時間かかるが、飛行機だとフランクフルトからニューヨークまで八時間でいける。エリトリアの首都であるアスマラから、エリトリア北部地域の中心都市であるナクファ（Nakfa）まではまる一日かかる（約三二〇キロメートル）。性能のよいジープやさらに高性能の自動車でも、通常まる一日はかかる。そしてナクファから二〇キロ西にある村に行くのにも、何百年来まる一日かかっている。そこでは徒歩で行くしかないからである。

グローバルな村落

同時に国際社会はよりアンバランスになる。というのも、加速化とボーダレス化が起きている地域のなかには、グローバルなネットワークに参加できない地域が出てくるからである。それゆえ、たとえばＷＴＯ加盟国のうちの三〇カ国は、（本部のある）ジュネーブに在駐する常任の代表ポスト、すなわち事務局長ポストを一度も引き受けるだけの余裕がない。あるいは私がエリトリアにいた頃、そこにはＦＡＸも電話もまだ置かれていない地方事務所があり、それゆえ首都アスラマの中心街から手紙でやりとりしなければならなかった。それに対して、ロンドンの株式仲買人は、Ｅメールで一分もしないうちに東京の市場で巨額の株券の束を売ることができ、その結果、インドネシアで最も重要な企業株の暴落を招来させるのである。これはあまりにも早く起こるため——たとえば予測可能な凶作や企業の漸次的《ぜんじ》衰退に対するように——対抗策を講じることは不可能である。

この（株式市場という）グローバルな村落は、早いテンポで動いている。とりわけ多くの年金生活者の積み立て資金がこのテンポの加速化を根本的に押し上げた。成功の唯一の目安は資本利率である。その結果迅速に株に飛びつき、迅速に手放すことが慣行のやり方となった。このため、個々の企業が成功を条件とする巨大なプレッシャーの下に置かれるようになった。**ノキア株**の急落は、しっかりとした会社でも将来部門に見通しなく資金をつぎ込んだならば、もはやその会社はやりくりできなくなることを証明している。

別の面からみれば、投機や突然の資本の回収が一国を窮地に陥《おとしい》れた場合、人々の仕事が奪われることがある。とりわけ女性がそうである。たとえばアジア危機における韓国の例である。会社設立時から常勤職に就いていた女性であったがために、彼女たちは「国民のヒロイン」あるいは「輸出業界の女戦士」であった。しかしアジア危機によって韓国は再び男性が家庭の中心的役割を担う状況に逆戻りし、失業した女性は失業者数にまったく数えられなかった。まず子どものいる既婚女性が解雇され、次に子どものいない既婚女性が、さらに独身女性が、そして最後にようやく男性が解雇されていったのである。

取引の加速化

空間および時間のボーダレス化の結果、巨額のお金があっという間に地球の周りを駆け巡ることになった。地球は国際取引の競技場と化した。しかしそこには地球環境の有限性に目を向ける、十分な競技ルールや決定権をもつ審判は存在しなかった。そこでは強者の権利だけが優勢であった。

やがて商品取引においては、商品の需要に応じた迅速な取引が優先されるようになった。彼らはそのうえ青田売りをし、収穫した物の値打ちが実際どれくらいのものかははっきりわかっていないにもかかわらず、すでに何倍もの商品を売買している農家もある。一方で、コーヒーや穀物を栽培・収穫している農家は、こうした事態の影響をまったく受けていない。

空間と時間のボーダレス化により、グローバル・プレーヤーは、なぜどうやって株の利益がもたらされるのかということをまったく意識しなくなった。世界中の消費者の需要を満たすには、どの程度の時間や労働、資源や土地が必要か。これはただブローカーや企業だけの重要事項ではない。それはまた消費者にとっても重要な情報である。

ノキア（Nokia）：携帯電話部門で世界最大手の多国籍企業。一八六五年フィンランドにて設立。当初はタイヤゴムなどのメーカーであったが、一九八一年以降にモバイル部門に進出。

人間関係および生活設計の喪失

自動車産業かソフトウェア工房か――大企業はすべて自らの開発や生産を促すために、内部通達やチームや仕事内容の競争といった方法で互いに競わせようとする。そうした条件下では「私たちフォルクスワーゲンの仕事仲間」といった仲間意識はもはやそこにはなく、「私たちヴォルフスブルク工場は、バルセロナ工場よりも優れていなければならない」といったメンタリティが存在するだけである。マイクロソフトはこのシステムを完全に踏襲《とうしゅう》した。マイクロソフトが新しいソフトフェアを開発したときには、個々の独立したチームに同じ共通課題が与えられた。これに勝利したチームが厚遇され、他のチームは職を失ったのである。

次の内部通達もしくは機会が与えられた際には、このチームの共同開発者たちはまったく別の会社の異なる部門に勤務していることになる。それらの人々は個々独立した競争者となり、自分自身の労働力を売り物にする個人事業者となる。彼らはつねに繰り返しメンバーが交代するグループの中で非常に窮屈に共同作業を行なわねばならない。彼らひとりひとりが極めて柔軟に対応しなければならず、しかもほとんど独自で仕事を企画することができない。彼は会社や同僚にほとんどなじむことができず、組織で行動することもできない。

さらに極端な例では、たとえば代理労働ないしはパートタイム労働に甘んじなければならない人々がいる。キャリアの代わりにあてがわれるのは、まったくのただの仕事だけである。事業部門のアウトソーシングが、ちょうどこの手の拘束力のない雇用形態を促進させている。企業の地方支店においいては、一見魅力的な上層階級の下で、権利をもたない新種のプロレタリアートが形成されているところもある。テレビ放送番組は今日、実際耳にしたこともないような会社によって制作されている。その結果、放送番組の視聴率がゼロにならないかぎり、ＲＴＬやＺＤＦは、誰も解雇する必要がなく、公共放送番組の制作を企画する必要もなくなる。番組制作会社は競争入札を行なう。（仕事を取り損ねた会社の）カメラマン、俳優、照明係、編集者たちは解雇され、さらに新たな番組制作会社を求めて探し回ることになる。期限付きの仕事が常套化《じょうとうか》すれば、生活設計が、妊娠や長びく病気にけっして煩わされないことを前提にした、一種のギャンブルになってしまう。

最も強い者がルールを決めている

グローバリゼーションの結果、もたらされた枠組みには公正さが欠如している。これに対する法廷の場がなければ、加速化と集中化が進行することによって巨大に成長した勢力が、最終局面で破壊的な作用をもたらすことになる。地域レベルのプレーヤーは、もはやこの成長したグローバルな勢力に対して抵抗することができない。国民国家でさえも限られた交渉能力しか持ち合わせていない。したがってグローバリゼーションの批判者がしばしば得意げに主張するような、再国家化の要求は役に立

ヴォルフスブルク（Wolfsburg）：ドイツ・ニーダーザクセン州の東端にある都市。フォルクスワーゲン（ＶＷ）の最初の工場が設けられた都市として有名。人口約一二万人。

ＲＴＬ（Radio Télévision Luxembourg）：ケルンに本拠を置く、ドイツの民間ＴＶ放送局。

ＺＤＦ（Zweites Deutsches Fernsehen）：ドイツ・マインツを本拠とする、欧州最大のＴＶ放送局。

たず、むしろ状況を後退させるだけである。再国家化はグローバルな相互関係のレベルでは放置されるだろう。再国家化は、己自身の権力的地位をさらに強化し、さらに破壊的な暴走を繰り広げるようになるだろう。次の百年間の設計を考える際に、国家財産を再びあてにすることは――世界のマクドナルド化に対抗しようとする善良なフランスのヤギ飼い農家と同様――無駄な試みである。

これは「世界」対「国家」という問題ではない。世界全体の自己矛盾が問題なのである。地球という住まいにおいて、世界のさまざまな利害関心がぶつかり合っているのである。一方では、庭付きの家をできるだけ長く使用し、可能な限り傷つけずに譲り渡したいという家主が存在する。他方では、自分自身の私的願望を満たすために、庭付きの家を採石場として、あるいは市場として、投機の対象として利用したいというアパートの住人がいる。

これまで多く被害を受けてきたのは、あかの他人である

購買者はたいてい自分が買っている商品の製造時の状況についてほとんど知らない。これは決して購買者のせいではない。今のところ、購買者が商品の出所を探りだすことはほとんど不可能である。カーペットや花に貼ってあるようなラベルは例外である。

金の宝飾品を買った人は、どこでどのようにその金が手に入れられたのか実際には知る由《よし》もない。シアン化合物が含まれているかどうかもわからない。ガーナやトルコ、中国でのシアン化合物の汚染被害は、実際のところ北の国々の新聞紙上には一度も報道されていない。シアン化合物が地下水に到達すると、地域の人々は飲料水を飲めなくなってしまう。河川や土壌が重金属で汚染される。たとえ

ば人権団体のＦＩＡＮとともに金の採掘地域を追跡調査した人々は、そのような被害事例が極めて多いことを実際に体験している。こうした被害は、いわばさらなる自由化と規制緩和によって、さらに誘発されてゆく。

こうした国外投げ売り商品に付随して発生する被害に苦しんでいる人々は、金の宝飾品を買おうとする顧客と極めてかけ離れたところで生活している。ほぼ十分といえる程度の製造過程の透明性すら、そこには存在していない。金を採掘する業者は、そうしたことに関心すら持たない。製造状況に関するラベル表示制度は、国際的に広まってはいないのである。

コストと価格

船便はますます安くなっている。一トン当たりのコストは一九二〇年では九五ドルもしていたが、一九九〇年にはたった二九ドルになった（同じ一九九〇年のドル価値換算で）。チリ産のリンゴはドイツで競争可能になっている、というのもチリの収穫業者はドイツの業者よりもはるかに安い賃金で働いているからである。しかし健康や寿命の喪失は、価格には反映されない。チリからの輸送が原因となる環境破壊（燃料の消費、温室効果ガスの排出などによる）は、リンゴの価格には算入されない。それゆえベルリンの定期市では、チリ産のリンゴは**ブランデンブルグ**産のリンゴよりも安く売られている。

ＦＩＡＮ（Food-first Information & Action Network）：貧困地域などに十分な食糧がいきわたるようキャンペーンを行なっている国際人権団体。一九八六年に創立。アフリカ、アジア、南北アメリカ、ヨーロッパなどに六〇カ所の拠点をもつ。国連のアドバイザー機関ともなっている。

る。チリ産品の相対的なコスト上の利益、すなわち商品の製造コストが低いのは、地球の共同財を、無償で、あるいはダンピング価格程度の安値で利用できている結果である。

ギリシア産の桃の缶詰や南アフリカ産のアイリッシュ・バターなどは、EUがそれらのさまざまな代替商品を禁止し、輸送費用に環境に対するコストを組み入れたら、競争可能ではなくなるだろう。

パール市の事例――アフリカ産の「桃」

パール市（Paarl）は南アフリカの南西部の中核地域にある一都市である。現地に在住する男性は漁師やタクシーの運転手として働くか、他の都市で働いている。一方で女性は子育てのために、現地にある果物の缶詰工場で働くことを余儀なくされている。現在、収穫期には女性が集められ、そこから日に十八時間労働をこなせる女性が無作為に収穫業務に採用される。缶詰工場で働く者は、「固定」労働制で働く。「固定」とはまる一年の労働期間を意味する。しかし実際は、そこで働く女性たちは、七カ月と三週間経った後に解雇され、一週間後に再雇用されている。したがって彼女たちは公式には季節労働者という肩書きになり、いつでも解雇されうる立場にある。

しかしこの労働も現在では再雇用なき解雇という事態に迫られている。

一九九九年にEUは南アフリカと自由貿易協定を結んだ。その結果、南アフリカ産の商品がEU域内に開放されることになった。同時に南アフリカの市場も開放された。そしてSADC（南部アフリカ開発共同体）を通じて、南アフリカの近隣諸国（たとえばモザンビーク）における、さらに競争能力の弱い市場にEUからの輸入品が入ってきた。

EUの製品は南アフリカの国産品に比べてメリットを得ている。すなわち果物の缶詰、バター、肉類およびその他のまったく市場経済の影響を受けないヨーロッパの**アグリビジネス**製品に対しては巨額の補助金があてられている。EUの財政の半分以上に相当する額が――欧州議会の関与がまったくないところで――アグリビジネスへの補助金に流れており、それがグローバルな競争を妨げているのである。北のすべての先進国において通常行なわれていることが、EUやアメリカやカナダでもまた同様に大規模に行なわれているのである。さらに今年二〇〇二年、アメリカは自国の農業補助金を優に七〇%、八三〇億ユーロも引き上げた。

パール市では市場開放によってアンバランスな状況が生まれた。元来、南アフリカで桃の缶詰を生産するよりも、ギリシアで生産するほうが優に一〇%は高い。そのうえにさらに輸送費用が上乗せされる。しかしEUによる補助金のせいで、ギリシアから輸入された缶詰が、南アフリカの店頭では国内産のものより安く売られている。これによって新たに一二〇のフルタイム労働の場と三〇〇〇の「季節」労働の職場が喪失していった。

ブランデンブルグ（Brandenburg）：ドイツ北東部にある州。東にポーランドと国境を接する。州都はポツダム。

アグリビジネス（Agroindustrie）：本来は産業ベースの農業全般に用いるが、ITやバイオテクノロジーによる高付加価値農業と地域発展に関連して命名されることが多い。環境問題とりわけ生物多様性や森林の分野において、途上国でグローバル企業などが進めるアグリビジネスによるモノカルチャー（単一品種栽培）や遺伝子組み換え生物・食品（LMO／GMO）が及ぼす、地域固有の生物や地域社会経済への影響などが懸念されている。

パール市に住む女性にとって、この収入の喪失は自分自身の自立と家庭内での独自の役割が喪失することを意味する。家計収入の穴を最低限一部でも埋められるようにするための失業保険は、そこには存在していない。それゆえ、やがてまもなく分割払いに当てるためのお金も捻出《ねんしゅつ》できなくなってしまうだろう。しばらくの後、その家庭は持ち家を手放さねばならず、仮設住宅に移り住むことを余儀なくされるだろう。こうした事態によって、たいていの家では家庭内暴力が増加することになる。

すでに現在、パール市は南アフリカの結核感染地帯の中心になっている。そこでは女性が新たに職を得る見込みはない。多くの女性や子どもが貧困から売春に走ってしまう。グローバリゼーションは、競争の結果でもなければ、市場への参加者に平等な機会が与えられた結果生み出されたものでもない。むしろより強者の立場（にある国や機関）の補助金制度によって生まれたものである。それはパール市の女性たちを、さらに豊かさから遠ざける結果を招いている。

これらは国際貿易に対する異議申し立てを意味するものではない。国際的に取引されることが有益な商品はつねに存在しているからである。たとえば熱帯産の果物——バナナを除いてドイツ全土に出回っているもの——であったり、あるいはボーキサイトである。ボーキサイトをオーストラリアからアイスランドに船で運び、現地で再生可能エネルギーによってアルミニウムを製造することは、エコロジーの観点から有益である。アルミニウムの生産には極めて大量のエネルギーが必要とされる。それは鉄鋼の生産に必要な分よりはるかに大きな量のエネルギーである。アイスランドはそこで真に経済的かつエコロジー的な利益を得る。というのもアイスランドの地理的特色にもとづけば、この国は必要不可欠なエネルギーを生産する必要はなく、その代わりに国内で十分得られる地熱を利用できるからである。しかしそれは、平等な条件の下でのグローバルな競争を実現させるためにこそ重要なのである。

グローバリゼーションを後退させるのか、構築するのか？

どのような地球規模の流通が必要不可欠で有意義なのか――それに対して過剰なものは何で、ただ高額の補助金によって安くなっているものは何か？　市場メカニズムによって、地球規模の商品の流通をいかに有意義で必要不可欠なものへと削減できるか？　有効な地域の経済循環を、必要な国際的な労働分業体制といかにバランスを保たせることが可能か？　世界市場が持続可能な発展を遂げるのに、いかなる算出モデルが構築可能か？　真に相対的なコスト・メリットと、人為的につくられたメリットとをどうやって見分けるのか？

グローバリゼーションに関する議論においては、グローバリゼーションの批判者が二つの相異なる論点を提起し追求している。たとえばシアトルのWTOラウンドに反対して集まったさまざまなグループに目を向ければ、「シアトルからやってきた人々」について語るのはもっともなことだ。同様にどの国の国民の間でも、この抵抗運動に関しては異なる、相反する政治的風潮や派閥や政党が存在しているのも事実である。その広がりは、第三世界を搾取することによる「超過利潤」と**カウツキー**

カウツキー（Karl Kautsky，一八五四〜一九三八）：ドイツの社会主義理論家。チェコのプラハに生まれ、ウィーン大学で学ぶ。エンゲルスとの親交後、ドイツ社会民主党の綱領をベーベルやベルンシュタインらと共同執筆。第一次大戦後はドイツ・ワイマール共和国の要職も勤める。主著『プロレタリアートの独裁』など。

が呼んだものに、企業が昔から加担していることに対し告訴しているアメリカの自動車産業の労組から、メキシコのチアパスで暴動を起こした人々と連帯した第三世界の活動家までに及んでいる。

グローバリゼーションが現在、何らかの理由で狭い空間に拘束されている人々を犠牲にして、自由に移動可能な人々に極めて多くの力を与えているために、グローバリゼーションの批判者のなかには、グローバリゼーションを部分的に後退させようと考える人もいる。

しかしそれは私は見通しのない、不可能な企《くわだ》てであると考えている。機械を支配することは、マンチェスター資本主義に対する正しい回答ではなかった。当時の資本家と労働者との間の衝突は、労働の権利や治安を保証することによって緩和された。グローバリゼーションを復権させることは、社会的・経済的人権および環境保護のための影響機会を断念することを意味する。世界経済を再分断しようとする者は、その結果、政治のナショナリズム化を再び生みだし、必ずや危機的結末に至ることをはっきりと自覚しなければならない。

グローバル化された世界の諸問題は、ただグローバルにのみ解決可能である。それはまず、とりわけグローバルな環境問題にあてはまることである。環境問題は（地球という）共通の家の、持続可能な発展のための鍵となる重要問題だからである。

地球規模でのイニシアチブなくして、一九二の国々に個々別々に、どうやってＰＯＰ（残留性有機汚染）物質やフロンガスなどの温室効果ガスの環境汚染物質を禁止するよう促せるだろうか？　**生物種の保護に関するワシントン条約**は、二十五年かかってようやく発効した。この条約は地球規模の協働の必要性と成功を裏づける最良の証《あか》しである。このワシントン条約により、絶滅の危機にある動物の取引は禁止され、国境検問所を通じて厳格に検査が強化されることになった。この条約のおかげで多くの種が生き長らえることができた。たとえばワニのように。

グローバリゼーションとエコロジーによる問題提起は、ともに地球全体の共同利益を代表するものである。現在、国際条約や国連はこの役割――いずれにせよこれまでの方針は正しかったというより、間違っていたこと――に気づいている。非常により多くの権限が与えられている国連機関（たとえばＵＮＥＰ、ＥＣＯＳＯＣ，ＵＮＤＰ、ＩＬＯなど）や、市民法にもとづく拘束力をもつ諸規則によってのみ、多国籍企業連合体に現在与えられている決定的な役割や、Ｇ８諸国の優位、ＩＭＦやＷＴＯ

チアパス（Chiapas）：メキシコの一州名。メキシコ南東に位置する州。東はグアテマラ共和国に接し、南部は太平洋に面する。チアパス州の住民の多くは貧しい農民で栄養失調に苦しみ、その数は人口の四割以上と推測されている。

生物種の保護に関するワシントン条約：正式名称は「絶滅の恐れのある野生動植物の種の国際取引に関する条約」。頭文字をとって別名ＣＩＴＥＳ（サイテス）ともいう。野生動植物の国際取引により乱獲を招き、生物種の存続が脅かされることがないよう、取引の規制を図る条約。絶滅のおそれのある動植物の野生種三万種を対象としている。一九七三年三月に採択、一九七五年七月発効。

ＵＮＥＰ（United Nations Environment Programme）：国連環境計画。一九七二年六月の国連人間環境会議（ストックホルム）で採択された「人間環境宣言」及び「国連国際行動計画」を実施に移すための機関として、同年の第二七回国連総会で設立された。

の活動を制限することができると同時に、それらを転換させるよう仕向け、南の国々に住む人々の平均寿命を伸ばし、地球全体の自然遺産の保全を優先させるよう承認させることができる。国連機関や諸規則はまた、多国籍企業自身のグローバルな共同利益を、長期的により理性的に用いるべく説得し、強制することができる。

この二番目の、グローバリゼーションを管理統治しようという構想は、グローバリゼーションが現われる以前の時代に遡《さかのぼ》ろうとする回顧趣味的な発想よりも、実現可能であり、さらには将来的にも持続可能なアイデアである。ただし、かつての時代でさえ、マクドナルドのライバル企業が私たちを何とか信用させようとしたように、すべてが地域限定的な活動であったわけではない。たとえばブレーメンやロンドンの小売商なくしてボルドーの高級ワイン栽培は成り立たないように。つまり彼らは自分の顧客から、より長い期間貯蔵可能なワインを要求されたのである。一方、ボルドーの人々は元来一年ものの——つまり翌年までに収穫する——ワインだけを飲んでいた。また香料や香辛料の売買の歴史はさらに古く、アジアやアラビア地域全体がその対象に含まれていた。

グローバルなターボ資本主義

トヨタの売上高は、ノルウェーの国民総生産を上回っている。ゼネラル・モーターズはデンマークの国民総生産を凌駕《りょうが》している。フォードの売上高は南アフリカの国民総生産を超えている。多国籍企業は経済力のみならず、とりわけその活動範囲において国民国家を凌《しの》いでいる。多国籍企業は国内だけに展開する企業よりも、国家政府に対して相当度の圧力をかけることができる。たとえばナイジェリアにおけるシェル石油のような政治力を例に挙げることができる。多国籍企業は国民国家や自治体に対して、自分自身に好都合な投資条件の下で競争できるよう要求する。多国籍企業は、インドネシアとフランスを争わせることもでき、あるいはフィリピンと韓国を争わせることもできるのである。

以上は、具体的には南の国々でしばしば起きている出来事を指す。すなわち環境や賃金のダンピン

ECOSOC（UN Economic and Social Council）：国連経済社会理事会。国際連合の主要機関の一。国連憲章第一〇章の規定により経済問題（貿易、輸送、工業化、経済開発）や社会問題（人口、こども、住宅、女性の権利、人種差別、障害者、麻薬、犯罪、社会福祉、青少年、人間環境、食糧）、労働、文化、教育等を担当し、委員会や専門機関の調査報告活動を受け、必要な議決を行なう。また、教育と保健衛生の改善、人権・自由の尊重について勧告を行なっている。理事会は五四カ国から構成され、理事国の任期は三年である。

UNDP（United Nations Development Programme）：国連開発計画。一九六五年創設。開発途上国の経済・社会的発展のために、プロジェクト策定や管理を主に行なう国連総会の下部機関。資金や技術援助のための調査、途上国の所得向上や健康改善、民主政治、環境問題とエネルギーなど、開発に関するすべてのプロジェクトが扱われる。理事会は三六カ国から構成され、任期は三年。

ILO（International Labour Organization）：国際労働機関。世界の労働者の労働条件や生活水準の改善を目的とする、国連最初の専門機関。本部はジュネーブ。一九一九年国際連盟とともに設立される。

ターボ資本主義（Turbokapitalismus）：グローバリゼーション批判者が用いる用語のひとつで、新しい科学技術の利用により地球上の時間・空間の距離が狭まり、生活や経済活動のスピードが否応なく加速化したことを指す。

グ、労働団結権の拒否といった事態である。北の国々でしばしば起きていることは、自治体が無償で土地や交通手段を提供しなければならないということである。これらの高価なピーナッツに対して、さらに一定期間税金を免除する措置も行なわれている。労働者の側も企業側に与《くみ》することが多い。地方の中小企業にとって、大企業あるいは大型ショッピングセンターの移設参入は命取りになりかねない。

最初から見向きもされなかった大バーゲン

ＮＧＯの相当な圧力や、いくつかの欧州諸国がまさにタイミングよく目覚めたおかげで、一九九八年にとりわけ多国籍企業が待ち望んでいた**多国間投資協定**（ＭＡＩ）の成立を回避することに成功した。このＭＡＩによって、表向きは内密に、すでに計画段階から、多国籍企業が国民国家を仮想敵と想定していることが白日の下に明らかになった。

このＭＡＩは、海外投資家に対する無制限な定住権を与えるものである。それは国内政策の介入を阻《はば》み、国内の投資家を優遇するものである。途上国の国内経済にとって、これは終わりを意味したであろう。さらにまた北の国々の多くの中小企業にとっても同様である。エコロジーもしくは公正さを志向した経済政策はもはや可能ではなくなっていただろう。投資家の利益が環境税や労働法もしくは消費者保護法によって減らされた場合、投資家たちは国民国家によってもまた補償を受けることになっていたであろう。投資家たちは国を相手取って、この種の利益損失に対する訴訟を起こす権利を得ることになっただろう。とりわけ致命的なのは（ＭＡＩの）現状補償条項ならびに損失補填条項である。それによって、新たなエコロジー的もしくは公正な労働権の基準が導入されることはありえない。

そこで人は現状に戻すことを余儀なくされたのである。

南の国々だけでなく北の国々もまた国際的に拘束力のある、国と多国籍企業との契約に関する必要最小限の基準を緊急に必要としている。地球環境の保護のためには、私たちにはさらに国連レベルで、権限が付与され、自主行動のできる委員会の存在が必要である。その委員会はこうした国際契約を公正に監査し、場合によってはその契約の無効を宣告することができる。こうしたエコロジカルで公正な契約内容であるかどうかを、不公平なく監査する機関が、自動的にＷＴＯによってではなく、環境の保護や、人間の生存基盤に優先権を与える委員会によって、市民法にもとづき常時運営される必要がある。

グローバリゼーションの犠牲者

グローバリゼーションの犠牲者は、とりわけ教育をほとんど受けられず、十分な賃金を得られる仕事にありつけていない人々である。彼らは子どももしくは家族を養わねばならないため、移動の自由

多国間投資協定（ＭＡＩ＝ Multilateral Agreement on Investment）：ＯＥＣＤ勧告にもとづき、一九九七年五月のＯＥＣＤ閣僚理事会までの策定を目指し、一九九五年五月に開始された投資に関する協定。投資に関する規制を自由化するため、現地政府が土地の収用を行なう際に外国企業への補償が義務づけられたり、外国企業が参入・設立する際に条件をつけることを禁止、さらに外国企業が現地政府を直接訴えられる紛争解決メカニズムの設置など、投資と投資家（多国籍企業）を一方的に保護する内容となっていたため、各国でＮＧＯ団体などによる大規模な反対運動が相次ぎ、交渉が始まり二年と経たないうちに凍結（白紙化）された。

がきかない。彼らは、いわば今日でいう出稼ぎ労働者となることを拒んでいるため、移動しようとしたがらないのである。さらにグローバリゼーションの犠牲者は、外国語やコンピューターの知識のない人たちでもある。

ベルリンの**パンコウ地区**にある私の家の近所では、毎日優に三〇〇〇人の人々が、最低毎日一度は、温かい食べ物を求めてヴォランク通りにあるフランツィスカーナー修道院の前に行列をつくって並んでいる。ドイツではスープ入りご飯が復活している。これは豊かな国のなかでの貧困である。

しかしこれはある豊かな国での貧困の悲惨さを描いたものにすぎない。多くの人々はさまざまな職場で働いているが——生活していくのに十分な収入は得られず、年金ももらえていない。四五〇〇万人ものアメリカ人が疾病保険を受けられず、病気や事故の際には所得や住居を手放さねばならないリスクをつねに背負っている。路上で生活している人々もいる。アメリカでは数え切れない数の人々がキッチンなしの家屋に生活している。電子レンジは彼らにとっては真のぜいたく品である。というのも彼らは普段、毎度の食事をファーストフードのチェーン店で済ませなければならないからである。

アイレーネ（Eirene）という途上国支援組織があり、チャドに始まり、ニジェールやニカラグアで活動をしているが——彼らはさらに**ベルファスト**やハーレムでも活動をしている。地球全体では上層階級が広がっているのと同様、世界中でグローバリゼーションの犠牲者の階層も生じているのである。

アイレーネは、さらに途上国の人々の生活を管理するために、ほぼ共通した方法を適用している。たとえば「交換の輪」という、彼らの荒廃した生活状況に対して彼らが自らの生活に関する自己決定を実現できるようにするための、当事者間での試みが行なわれている。自ら製造した代替通貨は、銀行では取り扱ってくれないものの、すでに流通に成功している。地域住民は、天然の産品と衣類や燃料その他とを交換している。この代替経済の循環は、社会がグローバルな経済に積極的に関与した。その結果、自らの活動範囲がますます狭められるような「社会の分断化」を反映している。

職場ではなく仕事を

九〇年代における資本市場の定着によって、企業は繰り返しあらゆる商品価格の合理化を行なうようになった。これまで安価ないしは無償《ただ》同然で環境破壊が行なわれてきたのと、生産量の節減がほとんど行なわれなかったために、最初の兆候として解雇や閉鎖、会社の倒産が生じた。労働は近代の始まりの時代のように再び「模様替え」された——たとえば先進国の派遣労働会社や、南の国々での家内労働や貸別荘業によって。低賃金労働やパートタイム労働が、将来性のある職場の定位置に納まった。

とりわけ問題なのは、児童労働の増加である。何をおいてもまず第一に、それは子ども自身を傷つけ、彼らの子どもとしての権利を侵害するものだからである。児童労働は、さらに賃金ダンピングを引き起こし、子どもの両親がさらに劣悪な仕事に就労する結果をもたらす。児童労働はまた経済にも損害を与える。なぜなら働く子どもは、まったく教育を受けられないか、十分な教育を受けられない

パンコウ（Pankow）：ベルリン市東部の一地区。旧東ドイツ地域にある区域。
アイレーネ（Eirene, Internationaler Christliche Friedensdienst）：ドイツを本拠地とする「国際キリスト教平和事業活動」の略称。アイレーネとはギリシア語で「平和」を意味する。一九五七年設立。
ベルファスト（Belfast）：イギリス・北アイルランド地区の首府。人口は約二八万人。

ため、新規分野の専門職に就くことができないからである。

さらにもう一つの問題点は、いわゆる輸出フリーゾーンの存在である。そこでは、とりわけ女性が極めて低賃金で、しかも社会保障を得ることなく多国籍企業で働いている。女性労働者を監禁状態で働かせている工場も存在する。こうした工場が、とりわけラテンアメリカや中国にあることについては、これまで数多く報告されている。

こうした労働状況は、狭く限られた特定の地域にのみ存在しているのだと述べる人がいる。しかし東欧からベルリンにやってきた建設労働者はどんな条件下で仕事をしているのか？　東欧からやってきたアスパラガスの収穫労働者はドイツではどんな状況か？　**シュターデ**にある、昔ながらの土地で働くポーランドから来た果樹園の収穫労働者たち――禁止されている除草剤がその果樹園の大部分で使われていたと、ある検査官が明らかにした――の健康状態を誰が保証するのか？

貧困とは権利喪失のことである

貧困が本当に意味するところは、誰もが承知の定義、たとえば一日一ドル以下の収入で生活している人々が貧困である、といった定義の陰に隠れてしまっている。バングラデシュにある貧困層のための銀行である**グラメーン銀行**の設立者であるムハンマド・ユーヌス（Muhammad Yunus）は、貧困という現象を、世界銀行よりも的確にこう表現している。すなわち貧困とは、人間が自分の運命を自分で作り出せないようにされた状態である、と。貧困とは貧困層によってつくられるのでもなければ、貧困が存続していることがその原因でもない。貧困の原因は、貧困をつくりだし、維持する政治や政府機関による体制が存続していることにある。貧困とは人権の否定であり、さらには人間性そのものの侵害である。

今年（二〇〇二年）の地球サミットの開催国である南アフリカに住む貧困層の人々は、「貧困とは、母親が自分の子どもに十分に食べ物を与えることができないという恥ずべき状況のことであり、父親の仕事がまったく見つからないという恥ずべき状況のことだ」と語っている。

貧困とは権利の喪失である。貧困とは、明日の成りゆきに一〇〇％身を任せることを意味する。

旅行の自由——世界中の上層階級の特権

私たちドイツ人は、ほとんどあらゆる場所に旅行できることを何とも思わなくなっている。私たちはたいていの国々にビザなしで行けるか、ビザのための書類を出すだけで行ける。**シェンゲン協定**以来、（EU域内では）もはやパスポートを提示する必要がなくなった。数多くの人々が海外で一年もし

シュターデ（Stade）：ドイツ・ニーダーザクセン州、ハンブルク近郊にある小さな町。中世ハンザ同盟の町のひとつ。人口約四万六〇〇〇人。

グラメーン銀行（Grameen Bank）：一九七四年バングラデシュで設立。担保なしで貧困者を対象に一〇万円以下の小口貸付する信用機関として知られる。設立者のムハンマド・ユーヌス氏は経済学者。

シェンゲン協定：EU域内での人の移動に関し、国境での旅券査察を廃止する協定。現在、EU二五カ国のうちドイツ、オーストリア、フランス、イタリア、スペイン、ポルトガル、ギリシア、北欧五カ国、ベネルクス三国の一五カ国が加盟している。

くは数年間留学したり、仕事をしたりしている。私たちの世界はおのずと開放されたのである。

私たちドイツ人は、それとは逆にそれほど迅速に対応できたわけではない。**赤ー緑政権**によってようやく保守派の思い違いが一掃され、ドイツは移民国家であることがおのずと知られるようになったからである。この**改正国籍法**は、ドイツ人であることを生物学的起源と結びつける古めかしい習慣に終止符を打った。血統権の代わりに、出生時の住所が決定要件となった。私たちはさらに新たな移民法をつくり、コンピューターの専門技術者向けのグリーンカード（永住権）を導入した。その間に海外から看護従事者を募ったのは、バイエルン州政府のみであった。

しかしアフリカ諸国の労働者向けのグリーンカードは存在していない。貧困層の人々が移住しようとすれば、彼らは不法入国者扱いを受ける。貧困層はパスポートを持てないこともしばしばである。貧困者であるという疑いをかけられた人々は、ビザを取得することも難しい——このドイツ国内に彼らの保証人となる親戚《しんせき》がいる場合にかぎり、ビザが得られる。彼らは潜在的な経済難民であるとみなされているのである。

こうしたあらゆる隔離政策があるにもかかわらず、南の国々から北の国々への貧困層の移住が行なわれている——しかも数倍に及ぶ移住が黙認されている。彼らなしでは北の国々の特定の産業は倒産してしまうだろう。不法就労者なしではカリフォルニアの果樹栽培も成り立たず、アメリカの家庭のみならず、多くの家庭の家事も片づかないだろう。貧困層の不法入国のせいで、北の国々では賃金の不払いや搾取が容易に行なわれるようになった。たとえ彼らがそれを阻止したくとも、彼らには提訴する権利がない。逆に自分が追い出される危険にさらされることになるのである。

逆に世界中の上層階級の教養層は、世界中に広く受け入れられている。たとえば学位を取得した三万人のアフリカ人がアフリカ以外の国で生活している。グローバリゼーションとは北の国々における頭脳流出をも意味している。アフリカでは学者やエンジニアの数は一万人を下回っている。エリトリアには医者は二万五〇〇〇人、看護婦は一万一五〇〇人しかいない。

経済のグローバル化、金融市場ないしは企業のグローバル化は、貧困のグローバル化や不法滞在の貧困移民層によって維持されているのである。

悲惨な地域と人身売買

エコロジーや公正さを欠いたグローバリゼーションは、将来なき地域を形成する。その地域は近代的なインフラを持たず、それ以上仕事の場がない地域である。貧困化とその結果しばしば起こる窮乏化が同時進行する。このような地域ではいつかは人間が生活できなくなっていく。女の子は騾馬《らば》もしくはトタン屋根と引き換えに高値で売られてゆく。

この地域全体の完全な将来の展望喪失が原因で、十九世紀のアメリカでの奴隷売買の廃止以来もは

赤─緑政権：第一四回ドイツ連邦議会選挙の結果により成立した社会民主党（SPD）及び九〇年同盟／緑の党（Bündnis 90 / Die Grünen）の連立政による一九九八年から二〇〇二年までの政権を指す。
（ドイツ）改正国籍法：一九九九年に改正された新国籍法。両親のいずれかがドイツに八年以上合法的に滞在し、ドイツで生まれた子供は、自動的にドイツ国籍を得ることになったほか、ドイツ国内に永住する外国人の子どもに国籍の選択権が付与されたり、二重国籍の取得条件が大幅に緩和されるなどの規定が設けられた。

や行なわれなくなった、一定規模の人身売買が始まった。ドイツ政府のグローバリゼーションに関する調査委員会は、奴隷売買による収入が年間一三〇億ドルに達すると見積もっている。一三〇億ドル、これはいわば世界中のすべての国々の開発援助の合計の四分の一に達する額である。

水は普通の商品ではない

水政策とエネルギー政策は、ヨハネスブルクの地球サミットでの主要テーマの一つである。それらは公正で持続可能な発展のための重要課題である。

真水は極めて限られた地域にしか存在しない生活物資である。真水なしには人間は生きてはゆけない。飲料水は公共財であり、呼吸のための空気と同様に代替不可能な存在である。品質の高い水を市民に必要量供給することは、公的生活扶助の一部である。

まさに水の供給分野において、大手の多国籍企業が巨額の利益を得ている。それらの企業は水の私有化と自由化によって、相当度の儲《もう》けを期待しているのである。一方で南の国々はこのような民間投資に期待をかけている。他方で多くの国々は、とりわけ水経済の自由化を恐れている。企業体は水の供給システムを購入することができ、経済的利益をあげるために、貧しい家庭がもはや支払えないような高額の水道使用料を課しているのである。目下、多額の債務を負った貧困国はＩＭＦや世界銀行に、水供給事業を私企業に譲り渡すよう強いられている。

この水の私有化によって、水分野においてはしばしば競争ではなく、多くの場合政府による、それもしばしば腐敗した業界独占状況が、少なくとも腐敗していない私企業による業界独占状態に取って代わっている。

水の浄化や配給にあたっては、固定費用が全費用のほとんどすべての部分を占める。したがって私企業はできるかぎり高い使用料金を設定して大きな利益を得るのである。私企業は水の節約や、たとえばソーラー噴水施設をつくるなど、お金をかけて現地に水供給施設を建設することなどには関心がない。その結果、アフリカにおいては、あらゆる私有化への移行にもかかわらず、水を入手できる人の割合が、過去十年間でたった一％しか上昇していない。

契約条件

このような南の国々の水事業における私有化への参画は、実際にはどういう状況になっているのだろうか？　たとえばギニアのケースである。この国は八〇年代の終わりに世界銀行の圧力によって水事業が私有化され、その際に比較的よい条件で契約が交わされた。水の供給網が政府の管理下で引き続き維持されることになったのである。国は崩壊寸前の水供給網を建て直し、再生するために世界銀行から借款を得た。フランスの水事業会社**ビベンディ**（Vivendi）の指導のもとでのコンソーシアム（企業連合体）が、この国の水供給事業を運営することになった。水の質が急速に改善することにも成功した。それから七年以内のうちに、供給網で結ばれた町の住民たちの割合が三八％から四七％までアップした。

ビベンディ（ビバンディ／Vivendi）：世界民営水道会社のトップ3の一つ。スエズ社とともに世界の民営水道事業を独占する多国籍企業。一九九八年、丸紅と合弁企業を設立。水道事業の民間委託事業にも積極的に参画している。

ップした。これは極めて大きな成功であった。供給網の整備が急ピッチで進められ、水道メーターの設置が可能となり、一日の使用量が測定され、その使用分に相当する額が徴収されることになった。

ところがその結果、裕福な家庭でさえ支払うことが困難になるほど水道料金が大幅に値上がりした。料金を支払えない世帯は水道が止められた。とりわけ行政や政府機関は水道使用料を支払っていなかったために、コンソーシアムは国営の水道企業に支払いを肩代わりさせた。さらにコンソーシアムは、顧客全員にさらに高額の使用料金を要求し、不足分の収益の埋め合わせを行なった。ギニア政府側はコンソーシアムが設定した水道使用料の計算方法や契約委託料に関してまったく目を通さなかった。

ヨハネスブルクでは、労働組合が昨年（二〇〇一年）三月二十二日の「水の日」を「喪に服する日」として儀式行事を行なった。というのもそこでは、ただ金持ちだけが水を手に入れることができたからである。

これらは、水をただで自由に利用することへの異議申し立てであると誤解されてはならない。水をただで引き渡すことは公平ではない。資源が一切費用なしで手に入れば、ただちに南の国々の地域住民よりも権力を持つ消費者たちが現われる。水を大量消費する草花栽培は、ケニアで、巨大なナイバシャ湖の周辺地域を干乾《ひから》びさせたにもかかわらず、今まさにこの国に根を下ろしつつある。というのもヨーロッパの草花栽培業者がそこで水をただで手に入れているからである。

水の供給と性の平等

南の国の主要道路から離れた場所に位置する村に住む人々にとって、とりわけ女性と子どもにとっては、自分の人生の三分の一を、二〇リットルの水タンクを自分で背負って、家まで遠い距離を運ぶことに費やすという、屈辱的な生活状況が依然存在している。そのために八歳から十歳の女の子でもすでに脊椎《せきつい》を損傷している。

タンクに入った水を遠い距離運ばねばならず、そのために一日かけて一往復しかできないので、五人家族の家庭なら一日一人あたり三リットルの水しか飲めない。エリトリアの多くの地域では、それが日常的な光景となっている。水不足のために皮膚病がいたるところで蔓延《まんえん》している。子どもの死亡率は高い。他方でドイツでは一日一人あたり一三〇リットルの水を使い、東独地域では一一〇リットルの水を使用している。

アフリカでは水や薪《まき》の運搬が伝統的に女性の専従労働となっているために、多くの女の子たちが学校に行く体力も時間もないというありさまである。それゆえ女性固有の貧困問題が次世代にも継承されてゆく。男女平等というのは、南の国の多くの地域では、良質の水とエネルギーの供給が満たされた場合にようやく達成可能なことである。少なくとも地域に住む貧しい人々に供給された場合に。

水の供給は、グローバルな正義のための重要課題であり、両性間の正義のための重要課題である。

ナイバシャ湖：ケニアで二番目に大きな湖。首都ナイロビから九〇キロの距離にあり、面積一七七平方キロメートル。ペリカンや鵜《う》などの水鳥をはじめ、多くの種類の野鳥のメッカであったが、最近三十年間で水資源の濫用による生態系の破壊が進み、水位が激減し、面積がかつての半分ほどに減り、湿地帯が荒廃し、危機状態にある。

世界の自然遺産のムダ遣い

南アメリカの海岸の多くはマングローブ森に覆われている。マングローブの根と根の間には真水と塩水が混ざり合っており、そこでしか見られない、それぞれ独立した動植物の世界の生活圏を提供している。そのためにマングローブは数え切れない人々の生存基盤をも創造しているのである。マングローブはとりわけ津波や洪水を保護する役割を果たしている。エクアドルはマングローブ森の約七〇%とそれに関連した生態系を喪失した。エクアドルは世界の小エビ生産のトップ3の一つである。小エビは原油とバナナに続き、エクアドルで三番目に重要な輸出製品となっている。とりわけ洪水や津波による被害を受けた海岸区域の六分の五がエビ加工工場によって非常に顕著な変貌をとげていた。マングローブの森は破壊されていた。その背後に横たわる耕地も、やがてエビ加工工場の敷地に組み入れられていた。いくつかのエビ加工業者は、四〇〇〇~五〇〇〇ヘクタールの森林を伐採していた。

このモノカルチャー産業では、少なくとも一ヘクタールあたり二〇万匹の小エビが養殖されている。伝統的な生産形態を続けているところでは、一ヘクタールあたり二万五〇〇〇匹のエビが養殖されている。その生産高はヘクタールあたり五トンから二〇トンである。伝統的な小エビ養殖において生産高は〇・五トンである。このように生産高を十倍にするには高い費用がかかる。この生き物を生き延びさせる必要がある場合には、生産加工過程で病害を除去するためにさまざまな化学物質が投入されねばならない。たとえばコレラの予防効果がある唯一の薬品である抗生物質のクロラムフェニコールである。エビの養殖で使用された排水は、河川や飲料水にまで達している。海岸地区に住む人々は、それにより毎日少量のクロラムフェニコールを体内に取り込んでいることになる。コレラがいったん発生すれば、これらの人々はこの抗生物質を年中繰り返し服用していることになるために、この唯一のコレラ抗生剤がまったく効かない状態にさらされることになる。

この集約的生産方式によって、人間や動植物の生存基盤が破壊されている。一ヘクタールのマングローブの森は、一〇世帯の家族の生活を十分に支えてきた。しかし今そこには養殖用の池ができ、人々は貝類やカニ類を収獲することもできず、魚を獲ることもまったくできない。彼らは水もまったく入手することができないのである。小エビの養殖池を通って海に行こうとしたために、エクアドルではすでに相当数の人々が銃弾を浴びてケガを負ったり、死亡している。

一二〇ヘクタールの大きさの小エビ養殖場は、ひとりの所有者と多くの従業員の生計しか助けない――それもごく限られた時間の間だけである。養殖池は数年しか寿命が持たず、その後は化学物質による汚染が広がり、そこは生物が住めない地域と化する。養殖業者はその場所を移転し、後にはもはや洪水災害からの保護機能を失った、有毒化した荒地が残されるだけである。さらにひどいことには、洪水によって、その毒物が陸上にある農耕地に流れてゆくことになる。

北の国の消費志向と南の国の上層階級の獲得志向とは、互いに相互補完の関係にある。それらはともに重要な生態系を破壊し、すでに自らの中期的な生産基盤を破壊している。

北の国での飢餓

海洋では漁猟のかぎりを尽くしてしまった。以前ニシンが取れていたところは、今やヨーロッパの漁師たちが「がらくた漁」をやっている。ニシンであろうが、カレイであろうが、ネズミイルカであろうが、あらゆるものが網に引っかかってくる。がらくたは魚粉や魚油に加工され、とりわけニワトリやサケの餌《えさ》として与えられる。

ヨーロッパの漁業会社は、ヨーロッパの海域をはるかに越えて漁猟し尽くした。ACP諸国との漁業協定がなければ、ヨーロッパは域内で消費される魚の四分の一を輸入に頼らなければならなくなる。相当数の漁業会社がやむなく廃業した。一万五〇〇〇人の労働者が失業したため、欧州委員会は、約三億ユーロの財政支出を行なった。しかし漁業協定にかかる費用、すなわち大手の漁業会社がたとえば西アフリカ海岸での漁業権を得るための費用は、はるかに安く、二億ユーロである。そのうえ、受益者である漁船保有会社によって支払われたのは、この費用総額の二〇％分だけであった。この費用総額の残り八〇％は、EU諸国の納税者によって賄《まかな》われた。すなわちEU諸国の納税者は、西アフリカでの魚の乱獲に対して補助金を支払っていることになる。

西アフリカ諸国は、これによって損失補償を得た。しかし海岸に暮らす漁師たちはこれによって何を得たのだろうか？　彼らは今や漁猟をしてもほとんど収入を得られない。地方の魚の加工工場もまた原料にますます事欠いている。北の国々による高額の補助金によって生まれた職場は、南の国々の職場の何倍もの費用をかけている。現地に住む世帯は結局、地域の市場に出回る、魚に由来する、安価でたんぱく質の豊富な食材を入手できなくなっている。

漁業のグローバル化が、これまで自然に対して行なってきたことは、ただ乱獲という行為だけである。魚の生息数はレーダー探査によって完全にわかるので、魚の逃げられる場所はもはや存在していない。魚の生息数を回復させることは、もはや不可能である。

西インド諸島では、自家需要のための畑が、花やイチゴのプランテーション農場に場所を明け渡すことを余儀なくされている。さらに**パンジャブ地方**の麦畑はケチャップ用のトマト畑に、**カルタナカ**では家庭向けの稲田やサトウキビ畑が、輸出用のひまわり畑にやむなく場所を占領されている。畑は、ちょうどアフリカにおいても同様、ヨーロッパで牛の飼料となるトウモロコシの生産に利用されている。農家はいずれの場合も、大手食品企業の契約農家として仕事をしている。その地方の住民たちは食の安全性を奪われ、世界市場で取引されている穀物に依存している。インドでは、農産物の輸出量がますます増えているにもかかわらず、絶対貧困者（「絶対貧困者」にあてはまるのは、一日一ドル以下の収入で生活している人々）の人数が、ブラック・アフリカ（アフリカ大陸の亜熱帯・熱帯地域）のすべての国々を合わせた人数よりも多い。同時にインドでは食料品の価格が六〇％以上も上昇した。インドの科学者である**ヴァンダナ・シヴァ**は、この価格上昇によってまもなく一人あたりの消費が最低になる事態が起きると断言した。

西インド諸島：南北アメリカ大陸に挟まれた海域にある、七〇〇〇もの島々が連なる列島。別名カリブ海諸島、カリブ諸島。アメリカ合衆国のフロリダ半島南端、メキシコのユカタン半島東端から、ベネズエラの北西部沿岸にかけて広がる、カリブ海に浮かぶ島々を指す。独立国も多い。

パンジャブ地方：インド北西部からパキスタン北東部にまたがる地域で、インド側とパキスタン側に分割されている。インダス川とその支流に囲まれた肥沃な地域。

カルタナカ（Kartanaka）：南インドの一州名。人口は約五六〇〇万人。州都はバンガロール。

視野の狭い経済

地球上の天然林が、毎年ドイツのほぼ半分の面積の割合で消失している。樹木は現在、再生する十倍のスピードで伐採されている。

生態系は輸出のためのモノカルチャー（単一栽培）によって押しのけられている。プランテーション農園は手つかずのままの生態系よりもはるかに希少な役割しか果たさない。生態系は飼料や薬草を提供し、木の実や種や果物、湯を沸かすための木材、木陰や狩りの対象になるさまざまな小動物を私たちに提供するからである。一方でプランテーション農園は、土壌の侵食や、暴風雨、洪水からその身を守れない。プランテーション農園の中では人は休息を取ることもできない。プランテーション農園は独力で栄養分を循環させ、良質の土壌を形作ることはできない。それは遺伝学的な多様性を提供せず、水循環の制御や気候の制御に貢献することはない。プランテーション農園では、ただ市場で販売できる単一の原材料――マンゴーやオレンジ、パーム油や材木、あるいはクリスマスツリーなどが生産されているだけである。

グローバリゼーションによって自然破壊が増大するひとつの理由は、あらゆる生産物は単一の用途しかなく、自然はこれらの単一の部分の総和であるという見方にある。それは自然の働きを通じて、自然のなかにさまざまな種や現象が潜在する可能性があるという理解を欠いたものである。

とりわけ明らかにそのことを示しているのは、集約農業のケースである。集約農業はともかく収益を上げようとする。種の保存や水資源の保護はこれまで話題にもされなかった。集約農業を行なう畑は可能なかぎり合理的に経営されねばならず、その結果、伝統的農法により利用されてきた比較的生物種の豊かな土地が、大型農機を使って耕されるようになった。景観は一変した。栽培されている品種の数はとりわけ収益性の高いものに極度に制限された。そのために肥料や害虫駆除剤がますます必要となった。肥料も殺虫剤もともに地下水や土壌にダメージを与える。にもかかわらず、過去数年間でそれらの投入量が約十倍にも達した。散水、とりわけ綿花栽培の際の散水によって土壌が塩化される。農業や工業利用された大量の水が河川に流れ出し、別の地域の海域が従来の生態系機能をもはや完全に保持できなくなっている。アラル海はその唯一の例ではなく、もっとも有名な事例にすぎない。

死海の海面も過去三十年間に二五メートルも低下した。面積も七五平方キロメートルから五五平方キロメートルへと縮小した。死海のヨルダン側から大量の水が採取され、そのうち七〇％が農業用のみに利用されたが、それはイスラエルにとっては経済的に大して価値のないものであった。農業はイスラエルの国民総生産の一〇％未満にしか相当しないからである。その代わりにかけがえのない生態系が失われるに至った。

効率の悪い輸送

自然を破壊する原因となるのは生産量や生産手段だけではない。ますます増大する生産品の輸送も

ヴァンダナ・シヴァ（Vandana Shiva）：インド生まれの、世界的に著名な環境活動家。エコ・フェミニズム、生物多様性、GM作物問題、グローバリゼーション批判など幅広い分野で発言、活躍している。主著『緑の革命とその暴力』『生物多様性の危機』など。

また自然破壊の原因となっている。グローバリゼーションは交通網の膨大な拡大を導き、膨大な量の燃料を消費させ、膨大な量のCO_2を大気中に放散させた。交通網は世界経済よりも速い速度で成長している。

人件費が高くつくのに対し、自然資源の消費が安上がりである以上、人件費を抑えるために、効率の悪い輸送が行なわれている。たとえばカニは**ビューズム（北ドイツの港町）**からモロッコへと運ばれ、そこで加工され——そしてその後に再びビューズムに戻される。そしてビューズムでカニが売られることになる。『**オー・キャロル（Oh Carol）**』のメロディを用いた**トーフロック**のヒットソングには、「キャローラ、僕は君が厨房でカニの甲羅をむいているのを見たんだ」という文句があるが、今やこれは**低地ドイツ語**からアラビア語に挿《さ》し換えられねばならないだろう。

メクレンブルク＝フォアポンメルン州では、子豚が飼育され、南オルデンブルクに運ばれて太らされ、その後に子豚ははるばるアルプスを越えて運ばれ、現地で加工される——さらに子豚は、最終的に荷車でアルプスを越えてイタリア特産の**パルマハム**に再加工され、ベルリンやミュンヘンでトルコ産のメロンに添えられて食されるのである。

気候変動

世界経済は、全世界的に化石燃料の使用を可能にした。同様にこの現在の原油の時代が、この地球を根本的に一個の丸い取引市場にすることに寄与した。だがそれによって同時に気候変動が極端に加速化し、いまやすでに大きな自然災害を引きおこすに至っている。たとえば干ばつや森林火災である。

ほかの地域では集中豪雨のために洪水が起こり、土地や動植物にとっての貴重な生活圏が押し流されたりしている。

気候変動に関する政府間パネル（ＩＰＣＣ）は、二〇〇一年の初頭に、自ら発表した予測を上方修正した。いまや地球の気温の上昇は、一九九〇年から二一〇〇年までに一・四度から五・八度（これまでの予測では一度から三・五度）に達すると試算したのである。ボストンにある著名な**米国科学振興**

ビューズム（Büsum）：北ドイツ、シュレスビッヒ＝ホルシュタイン州にある、北海に面した小さな港町。人口約五〇〇〇人。

『オー・キャロル』（Oh, Carol）：一九五〇〜六〇年代に活躍したアメリカの歌手、ニール・セダカのヒットソング。オールディーズの定番としても有名。

トーフロック（Torfrock）：一九七六年、ドイツのクラウス・ビュヒナー（Klaus Büchner）とレイモンド・フォス（Raymond Voß）によって創立された音楽バンド。有名なロックのヒット曲を低地ドイツ語に吹き替えた曲で有名になった。

低地ドイツ語（niederdeutsche Sprache）：ドイツ北部、ニーダーザクセン州およびその東部に広がる地域に伝わるドイツ語の方言。「平地ドイツ語（plattdeutsch）」ともいう。ちなみにドイツ語の標準語はそれより以南で使用されている「高地ドイツ語（hochdeutsch）」。

メクレンブルク＝フォアポンメルン州（Mecklenburg-Vorpommern）：ドイツ北東部の州。バルト海に面し、ポーランド、デンマークと国境を接する。州人口は約一七〇万人ほど。

パルマハム：イタリアのパルマ近郊で作られている生ハム。ＤＯＰ（原産地保護呼称製品）のひとつとして知られる。

協会（AAAS）が二〇〇二年二月に出した見解によれば、地球の海面はIPCCが発表した数値よりもさらに大きく上昇するという。というのも氷河や極地の氷の氷解が一九八八年以降、二倍以上に達したからである。

気候帯の位置がずれており、被害を受けている国々は、多かれ少なかれさらに大規模な干ばつ被害や収穫不足、さらに深刻な水不足に陥《おちい》るようになるだろう。気候変動により利益を得る人々よりも、気候変動による被害に苦しんでいる人々のほうが多い。この犠牲者はとりわけ、この問題の原因とは関わりのない貧しい国々の人々である。

研究者たちは、問題を引き起こした原因となる地域のいくつかが気候変動の結果、最大限の利益を得ることができると予測している。私はこの見解をともかくあまり妥当だとは考えていない。というのは、気候の不安定さや暴風の増大に加えて、さらに気候変動によって起こる生物の大移動は、けっして単なる一地域の問題とするだけでは済まされないからである。地球環境はひとつの宇宙であり、それはあまりにも小さいため、自然によるシェルターを提供できない宇宙空間である。地球全体の環境は、大気圏の下にある。気候変動はただただまざまに異なった形で、深刻で、生活を脅かすものとなるだろう。私はここで私と親しい、ブラジルの前の環境大臣であった**ホセ・ルッツェンベルガー**の言葉を引用したい。「何十億という人々が飢えているときに、**スピッツベルゲン島**の美しい沿岸部の気候は何の役に立つのだろうか」と。

たいていの研究者は現在、温暖化の進行について語っている。すでに温暖化そのものによる重大な影響が現われている。突然もしくは徐々に温暖化が進むことで、動植物の生活は極めて顕著な形で侵害を受けている。たとえば、沿岸近郊の湿地帯が洪水の被害を受けたら、その結果はどうなるだろうか？　野鳥、とりわけ数多くの渡り鳥がその産卵や休息場所を失うことになるだろう。

すでに現在、気候変動の被害を受けている動物たちが存在する。ホッキョクグマは温室効果ガスのせいで、すでに自らが生き延びるために必要な脂肪分を食するのに相当な困難を抱えている。流氷が動かなくなり、ホッキョクグマはアザラシの狩猟地帯に到達できなくなっている。イヌイット（エスキモー族の一）もまた同じ問題を抱えている。すでに今日カリブー（北米地域に住む大型シカ類の一種）の移動経路が変わっており、そのためにイヌイットはますます狩猟をしにくくなっている。冬期だけ

気候変動に関する政府間パネル（ＩＰＣＣ, Intergovernmental Panel on Climate Change）：国際的な地球温暖化対策を科学的に裏づける組織として、公募で選ばれた各国の科学者から組織される国際機関。一九九〇年に国連気候変動枠組条約（ＵＮＦＣＣＣ）に提出された地球温暖化に関するレポート（評価報告書）が高い評価を受けたことから、同条約推進のための調査機関となっている。

米国科学振興協会（AAAS, American Association for the Advancement of Science）：一八四八年設立。米国の科学者により運営されており、二四のセクションからなる。権威ある月刊誌『サイエンス（Science）』を刊行していることで有名。

ホセ・ルッツェンベルガー（José Lutzenberger）：一九二六年生まれ、二〇〇二年没。ポルト・アレグレ出身のブラジルの政治家、環境活動家。ブラジルのドイツ移民として生まれ、ブラジルのエコロジー・環境保護運動に大きな影響を与えた有名人のひとり。一九九〇年から二年間、ブラジルの環境大臣を務める。

スピッツベルゲン島（Spitzbergen）：北極に近い、ノルウェー領スヴァールバル諸島最大の島。

に降る雨もまたイヌイットの狩猟を阻《はば》んでいる。以前は北極に見られなかった昆虫が現われ、すでに現在、地元の人々を困らせている。永久凍土層が地表に現われ、その結果、土壌浸食が起きている。

私たちのドイツ国内でもまた、気候変動の影響が確認されている。あまりに早く暖かくなると、蝶が卵を産みつける植物が、蝶の幼虫が孵化《ふか》し、その植物を養分に利用しようとするときに、すでに枯死してしまう。今日すでに草木があまりにも早咲きし、カエルの産卵時期があまりにも早くなっている。その結果、カエルの子どもが凍死したり、餓死しているのである。

気候変動はまた、いくつかの地域で干ばつや火災の頻発化をもたらしている。小さな地域でのみ生息しているような種は絶滅してしまう。絶滅種の数はすでに現在驚くべき数、すなわち年に約一〇〇〇種の割合で動植物が喪失している。気候変動はまさに現在始まっているのである。今、とりわけ人間によって引き起こされた気候変動によって、六五〇〇万年前の昔、氷河期の最後の時代とほぼ同程度の大規模な種の絶滅が起きる危険が迫っていると懸念する科学者もいる。

高いハードル

温暖化の加速によって、多くの生物種は克服不可能な問題に直面している。たとえばオークの森は、一定のきまった温度に保たれているため、一〇〇キロメートル程度北方のより寒い地域へさえ移動することができない。というのも、オークの種子は、渡り鳥によって運ばれるからである。渡り鳥はその種子を餌《えさ》にし、オークの木の近くで生息している。それゆえ渡り鳥たちがどうしてわざわざ一〇〇キロメートルも遠方に飛んでいって、そこで種子を落とす必要があろうか、ということになる。したがって森は非常にゆっくりと、十年かかって数メートルの割合で移動している。若い樹木の成長にはさらに相当長い時間がかかる。それゆえ気候変動のスピードに森がついていけなくなっているのである。

このオークの森で栄養分や光や土を得て生きている動植物は、このオークの森からけっして離れることはできない。というのもオークの森は彼らの生存基盤だからである。

気候変動は現状の問題をさらに大きくしている。森は私たちの今日の世界の中では、海の上に浮かぶ島のようなものである。農場や住宅地は自然を分断し、小さく切り離された土地へと押し込めた。さらにグローバリゼーションが出現した。グローバリゼーションは、ますます多くの交通手段——道路や鉄道、運河、コンクリートの空港など——を要求した。グローバリゼーションの現在の形態は、自ら一極集中化、すなわち大都市への集中化を招いている。都市部でも確かに何種類かの動物が生きながらえているが、都会の自然空間について私は生憎語る気にはなれない。というのも、ただそこで生きながらえているのはキツネやテンであり、それも**プレンツラウアー・ベルク**（ベルリン）のような緑の少ない都心部にだけ生息しているものばかりだからである。こうもりだけでなく、スズメでさえも私たちが居住している都心部では生存困難である。

自然空間がますます小さな土地へと押し込められたことによって、自然の中に住む者たちは互いに

プレンツラウアー・ベルク（Prenzlauer Berg）：ベルリン市北東部、パンコウ（Pankow）地区にある一都心部。旧東ベルリン地区のひとつ。第二次大戦で焼失したが、戦後復興された地域。

行き交うことができなくなった。彼らはもはやそこから逃げることもできない。WWFのロゴマークにもなっているパンダは野生動物としては死滅しつつある。野生のパンダはほとんど竹だけを食べて生活している。中国の竹林は今や点々としか存在していない。竹は五十年経ってから花を咲かせ、その後老いた竹は枯れてゆく。それゆえかつてパンダは別の竹林に移動していた。ところが今日ではパンダはそこにたどり着くことができず、それゆえ餓死してしまうのである。中国は自国の動物園でパンダを育て、大金を稼いでいる。**サンディエゴ動物園**はおそらく生産能力のあるパンダのメスの子を一年間の貸借契約で借り受けるのに、一〇〇万ドルを支払った。ベルリンの動物園では、二頭のパンダの子どもを産ませようと必死の試みを行ない、メスのパンダの「ヤブヤン」に人工授精までさせたりした。むしろ今緊急に必要なことは、このお金を竹林の再生にあてがうことであるのに。

私たちの住むドイツでもまた、森や海のあらゆる面が道路や宅地や大きな農場にさえぎられている。動植物には栄養分も隠れ家も、そこに根を下ろすための土もまったく与えられなくなったままである。その反対に、交通網や広大な敷地を持つ単一色の農場によって、動植物種に必要な自然が、ますます手がつけられなくなった荒地の間にある、ますます矮小化《わいしょうか》するオアシスへと押し込められてゆく。ヨーロッパは「ネイチャー2000」（EUの環境関連規則集）で、この種の絶滅を阻止するよう行動を起こし、ドイツもとりわけビオトープ協会や優れた専門領域に対する業績（二〇〇二年の**改正連邦自然保護法**）を通じて阻止行動を起こした。

私たちにはこのような目標設定やプロジェクトが全世界的に必要である。国々は動植物の生息域と生物種の保護に共同で取り組まねばならない。たとえば南アフリカとモザンビークは、現在クリューガー国立公園（南アフリカ北東部にある自然公園区）の隣接地域に、その二倍の大きさの「平和公園」という名の国立公園をつくろうとしている。
もし渡り鳥が国際協力事業によって保護されるならば、たった一度しか生き延びる機会がなくなる。たとえば**コオバシギ**という名の体長二六センチの小さなシギ科の鳥は、アイスランドやアラスカ、

WWF（World Wide Fund for Nature）：世界自然保護基金。世界最大の自然保護・環境NGO。一九六一年、アフリカの野生生物を危機から救うための資金を集める国際組織としてスイスに設立される。絶滅の恐れのある野生動物の希少種の保護に関する活動を中心に、環境問題に関する提言やキャンペーン活動を行なっている。日本にも支部組織がある。

サンディエゴ動物園（San Diego Zoo）：アメリカ・カリフォルニア州の都市サンディエゴ（San Diego）にある世界最大級の動物園。約八〇〇種・三四〇〇頭の動物が飼育されている。パンダ、コアラはもとより、ゴリラの群れでの飼育やホッキョクグマやカバが水中ガラスで観察できる施設などで人気を博している。

改正連邦自然保護法（Bundesnaturschutzgesetz）：一九七六年制定。自然そのものの存在価値と人間の存在基盤やレクリエーションの場という観点から、自然と景観の保護と発展を目ざすもの。二〇〇二年四月の改正では目的に将来世代への責務が追記され、生物多様性の確保や、レクリエーションにおける経済性と自然保護との関係の定義、またその調和が強調されている。さらに、自然・環境にやさしい農業の促進、市民や環境保護団体などの参加権の充実、ビオトープ結合システムの保全、電線における鳥類の感電防止、国立公園と保護区域における発展の可能性、風景計画における自然保護の強化などを規定。同法の規定の多くは枠組み法としての性格をもち、各州が同法にもとづいた法律を作り、具体化している。

コオバシギ（小尾羽鴫）：学名 Calidris canutus、チドリ目シギ科の鳥。日本にも飛来する。

シベリアで産卵し、地中海や西アフリカで冬季を過ごしている。もし私たちドイツ人がザル貝漁を禁止することによってその鳥を保護し、コオバシギが九月になり東フリースラントの干潟海岸からアフリカへ向けて飛び立つ時期に、そこで将来も十分に餌《えさ》を見つけられるようにしてしまったら、その鳥はもはや飛ばなくなり、やがて死に絶えてしまうだろう。たとえ北の緯度の高い地域、あるいは西アフリカに住む自然保護活動家が、彼らのための越冬場所を用意したとしてもである。

人間と動物の間の食糧争い

人間は一方で動植物からますます多くの場所を奪い取っている。他方で私たちは危機に瀕している動物を保護したり、その存続のために手を貸そうとする。このことはドイツでいえば、たとえばツルや鵜《う》のような成功事例がある。だがその結果、食糧争いが起こる。つまり北ドイツの海岸では漁師が、鵜《う》に魚を持っていかれると愚痴をこぼすことになる。

あるいはツルもそうだ！　彼らは太ったヒキガエルが好物である。それだけで人間と動物が互いの縄張り争いをするわけではない。けれどもツルは美食家である。彼らは私たち人間が食べたがるものや、農家でつくっているような作物――たとえばひまわりの種とか、トウモロコシやジャガイモなど――を食べようとするのである。自然保護協会は、この食糧争いを回避しようとツルに餌《えさ》を与えている。

南の国々では、この食糧争奪戦はしばしばここドイツよりも深刻である。生物種の保護に関するワシントン条約は、象牙の取引を禁じているため、アフリカ南部のいくつかの地方では、いつの間にかゾウの群れが増えて、この灰色の巨獣がやっかいの種となっている。ゾウが畑を荒らしたり、さらに村に侵入してきて、村の住人たちの不安は想像のごとくである。村人の生活が脅かされているのである。ゾウの保護など、彼らにとっては二の次の話である。しかしながら、いくつかの国が要求している象牙取引の条件緩和を行なえば、これまた大問題になりうる。というのも象牙取引により、ゾウの群れのすべてが屠殺《とさつ》の対象となるからである。

一致可能な対立、もしくは一致不可能な対立？

エルマー・アルトファーターは、グローバリゼーションと持続可能性との関係は、「火と水」との関係と同じだと書いている。というのもグローバリゼーションは、経済的にゆとりのある人が限りなく資源を消費することができるようにしたからである。ものを手に入れる機会が増大すればするほど、そして国際的に取引される商品の価格が安くなればなるほど、資源の取り扱いに配慮しようとす

ザル貝（ザルガイ）：学名 Cardidae、海岸沿岸部に広く生息する二枚貝で、寿司ネタになるトリ貝もこの一種。

エルマー・アルトファーター（Elmar Altvater）：ドイツの政治学者。ベルリン自由大学およびオットー・ズール研究所（Otto-Suhr Institut）教授。一九三八年生まれ。主著に『グローバリゼーションの限界』（一九九六年）など。

ヴォルフガング・ザックス（Wolfgang Sachs）：ドイツの環境社会学者。一九四六年生まれ。一九九六年以降、ドイツ・ブッパータール研究所にて「グローバリゼーションと持続可能性」をテーマに調査・研究を継続。

る風潮がなくなってゆく。そのうえ商業が営まれる地域が拡大すればするほど、輸送や交通網による自然破壊が進んでゆく。

私たちが既存の座標軸をやむを得ないものと受け入れているかぎり、アルトファーターの観察はあたっている。しかし私たちはこの座標軸を変えることができる。グローバリゼーションと持続可能性が火と水の関係であるのは、ただ補助金や環境負荷および社会的負担の外部転嫁により、誤った価格設定がなされていることが原因であるかぎりにおいてである。私たちが段階的にあらゆる環境負荷や社会的負担を反映する価格設定を導入すれば、グローバリゼーションは有意義な程度にまで解消されるだろう。

グローバルな正義にとって、持続可能性は必要不可欠な前提である。とくにそれは気候変動の場合には明らかである。とりわけ、たとえばエネルギー問題に関して（第三章で）私が示したこととは、私たちが地球規模で協働する場合に、グローバルな正義は、誰もが等価値の生活環境を持つべきだという考え方によってのみ実現可能だということである。南の国に住む人々の過半数は、北の国のエネルギー転換なしには電気を得ることもできず、それゆえ依然、極めて多くの生活機会を奪われたままである。彼らの生活状況は、気候変動によってさらに極度に悪化するだろう。しかし地球上の貧困の巣窟《そうくつ》であるサヘル地域でも、エネルギーの輸出事業によって相当度の豊かさを手に入れることができるだろう。もし私たちが新たな座標軸を創造し、今日グローバリゼーションの犠牲となっているアフリカが、このプロセスを自ら積極的に利用することができるならば、である。私たちはそれを利用できるようにするために、方向転換しなければならない。

メディアや観光客によって北の国の「ライフスタイル」が地球のすみずみまで行き渡り、南の国の上層階級にも引き継がれていった。しかし貧困層もまたテレビや冷蔵庫、電子レンジを持っており、車で旅ができる生活を望んでいる。メキシコシティーやデリーのスモッグは過ちの良き教訓となった。情報伝達のノウハウから資源保護に至るグローバル化を放棄すれば、大変なことになるだろう。情報ノウハウのグローバル化は、いくら世の中が合理化されているといっても、個々バラバラで運営することはできない。

明らかに自然の大半を消費し、南の人々を犠牲にして豊かな生活をしている私たち北の国の住民が――まさに旧左翼の論争を非難し、静かにしろと要求するようなやり方を続けているかぎりは、地球全体の持続可能性は達成されない。というのも、これは私たちが進まねばならない道のほんの第一歩にすぎないからである。私たちが地球規模の持続可能性を実現できるのは、私たちが責任転嫁のための議論をするのではなく、目標に向かうための議論をし、そこでこの地球のさまざまな緊急問題――地球の有限性、限られた量しか存在しない地球資源、地球が廃棄物を吸収する能力の限界などを――議論の中心に据《す》える場合だけである。

ヴォルフガング・ザックス（ブッパータール研究所）は、私に対してこう答えたことがあった。つま

ブッパータール研究所（Wuppertal Instituit）：正式名称は「ブッパータール気候・環境・エネルギー研究所」。一九九一年にドイツの自然科学者で政治家、ウルリッヒ・フォン・ヴァイツゼッカーらの提唱によって設立された。持続可能な開発をテーマに、地球温暖化対策や再生可能エネルギー、エコ効率指標などに関する研究・調査で高い業績をあげている、ドイツを代表する環境シンクタンク。

り、かつて消費者のニーズを高めることによって資源生産性を向上させることに誰もが成功していたが、今やそれがことごとく打ち砕かれるようになったと。これはそのとおりだとも、そうでないともいえる。確かに昔はさらに多くの車が売れたので、燃費の良い最新鋭の車を販売することが何とかできていた。毎朝、交通量の少ない地域でパンを買いに立ち寄るのに、一八リットル消費の四輪駆動の**ランドローバー**を買い求める人もいた。しかし私がはっきり言えることは、国の道路網が整備されればされるほど、**オフロード車**の数が増えるという経験は、自然の摂理に適っていないということである。

　ザックスが正しく強調した、この弊害に対する政治戦略上の解決策は、生態系の有限性を経営の基本に据《す》えることである。これは具体的にいえば、有限な資源の浪費に対する絶対的な上限を定めることである。世界的な、もしくは国全体の消費の上限を定めるとともに、あらゆる国におけるさまざまなセクター（経済、交通、家計）に対しても上限が適用されねばならない。そうすれば資源生産性向上の成功が、成長によって打ち砕かれたりはしないだろう。

　このような上限の制定を私たちはすでに**京都議定書**や、**ＰＯＰ条約**や**フロンガス禁止条約**において実施している。この上限は低く設定され、それよりさらに低くしなければならない。そうすることによってのみ、成長の爆走に風穴を開けることができ、成長自体の基盤をさらに縮小させてゆくことができるのである。

　私がここで思い当たるのは、中国で、成長と温室効果ガスの排出がすでに相殺されていることである。ドイツの赤―緑政権が達成したことは、二〇〇〇年一年間で家計におけるCO_2排出量を、一九九〇年比で一一・五％削減させたことである。さらに交通部門における排出量は、二〇〇〇年一年間で、一九九九年比で約二％減少させることができた。それゆえ目標設定基準の如何によって、私たちは当面の危機を回避できるのである。私たちは**この政権担当期間内**にそれを実証したのである。ヴォルフガング・ザックスは、成長を放棄するだけの十分なゆとりと準備の必要性を説いた。相当

ランドローバー（Rand Lover）：イギリスに拠点を置く、オフロード車4WD（四輪駆動）の自動車メーカーで、現在はフォード傘下にある企業。
オフロード車：道路法で定める道路以外の場所や舗装されていない荒地などを無理なく走行できる機能を備えた車を指す。4WD（四輪駆動車）、SUV（スポーツ・ユーテリティ・ビーグル）、クロスカントリーなどの種類がある。
京都議定書：一九九七年十二月、京都で開催されたCOP3会議で採択された気候変動枠組条約の議定書。二〇〇五年二月十六日発効。先進各国は二〇〇八年から十二年の第一約束期間における温室効果ガスの削減数値目標（日本六％、アメリカ七％、EU八％など）を約束した。
POP条約：残留性有機汚染物質（POP）に関するストックホルム条約。二〇〇四年五月に締約国が五〇カ国に達して発効。
フロンガス禁止条約：「オゾン層を破壊する物質に関するモントリオール議定書」を指す。一九八七年に採択、一九八九年発効。オゾン層を破壊するおそれのある物質を特定し、該当する物質の生産、消費及び貿易を規制することを狙いとする。同議定書の発効により、フロンガスなどの使用が全面禁止となった。
政権担当期間内：第一四回ドイツ連邦議会選挙の結果により成立した社会民主党（SPD）及び九〇年同盟／緑の党（Bündnis90 / Die Grünen）の連立政権による一九九八年から二〇〇二年までの期間を指す。

数の人々が、個人的には金銭的豊かさよりも時間的豊かさにより高い評価を置き、それゆえワークシェアリングを希望している。そこから予測できるのは、一九八九年以前に西ドイツおよび他の西欧諸国でも予感されていた、ポスト物質主義時代の幕開けが中断し、延期されたものの、打ち切られはしなかったということである。自然の濫用、消費の追求、そして時間の欠乏は、誤った発展のさまざまな側面である。

お金よりも文化や社会関係、そして自然に対してより高い価値が付与されるような、もうひとつの豊かさのモデルは、北の国でますますその支持者を増やしている。より多くの収入を得る代わりに、より多くの自由時間を得ようか？　自分独自の能力を高め——社員食堂で食事する代わりに、自炊しようか？　長い夜をショッピングに耽《ふ》けり、ストレスをためる代わりに、自転車に乗ってみようか？

自分のことは自分で決めようか？

ここで私はけっして昔の緑の党のシンボルであった、ウール製の靴下とシラカバの木でできたサンダルを復活させようと言っているのではない。そうではなく、豊かさのモデルが提案していることは、仕事を楽しむこと——さらにまた他人とともに、自然とともに生活したり、仕事以外の生活あるいは無収入の生活を過ごしたり、あるいはサークル活動に参加するだけの十分な時間を確保せよということである。これらはニュータウン地域に住む住民の主導によって、たとえばスポーツクラブにいる子どもの世話係の人たちや、自警消防団組合もしくは地域の女性組合のメンバーには実現可能である。

ドイツでは、自由時間をより増やすためには、就労生活をより多様化させ、その体制もより柔軟化させなければならない。**長期有給休暇制度（サバティカル）**やワークシェアリングは、特典として抑制されたままではいけない。この点でドイツよりもすでにずっと先を進んでいる国々が存在している。たとえばオランダではドイツと比べて女性では二倍、男性では六倍の数の人々が半日労働で仕事をしている。デンマークではすでに六人に一人の労働者が、七年ごとに長期有給休暇制度（サバティカル）制度を取得した経験をもっている。

それゆえドイツの赤―緑政権は、企業連合団体の抵抗に逆らい、ワークシェアリングを求める権利の要求を法的に確立させた――そして同時に最低課税額の引き上げや、輸入関税の引き下げ政策によって、この権利の取得機会を目に見える形で向上させたのである。

ワークシェアリングの増加によって、失業者の就労機会が増えただけではない。ワークシェアリングの増加はまたエコロジーや正義にとっての貢献手段にもなっている。このやり方は結局自然の消費を最低限度に抑えることにつながり、（先述の）ザックスの要求どおりの十分なゆとりを叶えることになる。

ここでの課題とは、私たちがそこにどうやって最も速く到達するか、ということである。私の見解はつぎのとおりである。すなわち私たちは環境に配慮したライフスタイルを説教するのではなく、それを魅力的なものにすることによって。私たち北の国の人間が、地球の美しさを体感し、理解し、その価値を評価するだけの時間的ゆとりを提供することによって。そうすれば、地球を私たち人間に対

サバティカル制度：主に大学研究機関などで一定条件や資格の下に与えられる、長期有給休暇のこと。通常一年間で、取得者はその間自由な研究や調査ができる制度。

して長期にわたって守るための準備体制を整備発展させることにもなる。経済だけでなく、社会全体もまたこの新たな方向づけを迫られている。したがって私たちの理解能力に訴えかけるのではなく、ただ人々が魅惑と感激を起こすように訴えかけるべきである。

第2章

グローバリゼーションのためのエコロジー原則

十九世紀のヨーロッパにおいては、国民国家が文化教養の役割を代表しており、個々の企業の収益努力に対抗して経済全体の利益を遂行していた。すなわち国民国家は、たとえば児童労働や労働力のあからさまな搾取を禁止していた。国民国家は、就労時間規則、健康保険、社会保険を導入した。古典経済学者たちは、この時代を振り返って、国家を「理想的な総合資本家」であると語った。

この国民国家の役割は、グローバリゼーションの条件の下に移された。今日では、グローバルな利益のすべてを、それを実現するために必要な権力とともに代表する政治主体は存在しない。国連はこうした力を持っていない。地球環境はしかし、持続可能な開発、競争機会および社会的公正に共通した、ひとつの社会契約を必要としている。

というのも、この問題をめぐる状況は切迫しているからである。十九世紀の国民国家においては政治的階級が、たとえ戦争の代価を払ってでも、問題を外部転嫁させることができた。しかし今日では地球の有限さは自明のことであり、今後数十年という限られた資源の寿命によって、成長の限界がはっきりと指摘されている。

グローバルなレベルで、すべての利益を代表し、実現できる政治主体の役割を担う者など、いったいどこに存在するだろうか？　それはいわば、世界で生じたすべての損害を補償できる主体である。これまで世界連邦国家も、世界議会も、世界政府も実現されていない。それらがあれば文句なしに素晴らしいだろうが。

ただしグローバルな利益全体を図るなら、別のやり方でグローバリゼーションに一定のたがをはめねばならない。すなわち地球環境の維持には、予防原則および汚染者負担の原則をベースにした多国間における、さらには地球規模で拘束力をもつ協定が必要である。

たとえば国際企業のような当事者側に、マウスを一回クリックすれば判決を与えることができる一方で、国際機関は国連の諸々の会議で苦労してコンセンサスを搾《しぼ》り出さねばならない。国連のコンセンサスは全会一致の原則で成立する。まさに予防原則を厳守するということが問題になる場合、これはデメリットである。

交渉相手がこれまでの環境保護のアフターケアないしは環境の回復措置にこだわろうとする危険もしばしば起こる。しかしこれはつねにそうではない。たとえば気候変動に関する京都議定書は、予防原則の一種であり、十二種類の特定有毒化学物質に対する協定や、残留性有機化学物質に対する条約（**ＰＯＰ条約**）もそうである。

コンセンサスの形成は困難というだけではなく、時間も多分にかかる。残留性有機化学物質（ＰＯＰ）の国際的使用禁止に至るには、総じて三十年ほどかかった。一九七二年にドイツはＤＤＴの使用を禁止した。これは残留性有機化学物質（ＰＯＰ）に対する最初の禁止法であった。八〇年代の終わりに、ドイツでは段階的にＰＣＢやＰＣＰの使用も禁止された。同時に、有毒で残留性の強い同種の

ＰＯＰ条約：残留性有機汚染物質（ＰＯＰ）に関するストックホルム条約。二〇〇四年五月に締約国が五〇カ国に達して発効。ＰＯＰ（Persistent Organic Pollutants）とは、環境中で分解されにくく、生物の体内に蓄積されやすく、毒性が強い性質をもった化学物質の総称。条約ではＰＣＢやＤＤＴなどの一二物質に関する製造・使用・輸出入の禁止と廃棄、ゴミ焼却などにより発生するダイオキシン類の排出削減などを定めている。

化学物質の使用を制限するために、代替物質の使用が求められた。

欧州委員会は、後になってこのドイツの行動措置を承認し、さまざまなPOPの使用を認める擬似ガイドラインを撤廃した。ただし、すでに製品化されたPOPの大半については、この措置はほとんど効力を発揮しなかった。というのも、インドや中国その他の国々はすでにPOP製品を増産していたからである。

ドイツおよびヨーロッパにおけるPOPの禁止措置は、環境および人体の健康維持に結局大して役に立たなかった。それどころかPOPは世界規模で環境や人体にますます大きな損害を与え続けている。国連環境計画（UNEP）事務局長のクラウス・テップファーは、POPに対しコンセンサスにもとづき国際条約を創設するべきだという提案を取り上げた。

POPは、こうした条約が必要不可欠であるという一つの模範例となった。たった一国だけがこの問題を解決できなかった。そして原因とその影響ははるか離れた場所へと飛び火した。この残留性有機化学物質という有毒物質は、大気に乗って地球の周囲を回り、北極周辺に沈殿物となって蓄積し、プランクトンから魚、アザラシ類の体内に移り、最終的には人間の食べる食品へと添加される。アザラシを主食にしているホッキョクグマは、重度の遺伝子障害を被《こうむ》り、繁殖能力を喪失している。エスキモーのイヌイット族は、同じくアザラシの肉を食しているため、大きな危険にさらされている。

イヌイット族は、カナダ市民であり、彼らに対してカナダが財政支援をしている。カナダは、政府代表者によるPOP条約に関する討議がなされた五つの会議のうちの最初の会議に、とりわけ積極的に参加した。二〇〇〇年十二月十日、二年半におよぶ交渉プロセスの後、ヨハネスブルグでPOP条約が成立した。アメリカも長期にわたり条約を拒絶してきたが、最終的に批准に応じた。そして二〇〇一年五月二十三日、参加国の共同組織により、ストックホルムで、一二種類のＰＯＰの製造および使用に関する条約が発効した。

集団的強制

ドイツおよび元欧州環境大臣として、私は現在の開発にはメリットとデメリットがあるとみている。国家の強制力は一方でかつてほど遠くまで及ばないが、しかし他方で息長く続ければ、さらに広い範囲で及ぶこともある。

個々の国民国家は、とりわけ条約の改正においてますます重要な存在である。つまりある条約が発効する前に、一定の批准率が満たされねばならないからである。すなわち議決の場において、ＰＯＰ条約署名国一〇四カ国のうち五〇カ国による条約の批准が条件となる。この局面ではまさに集団的強制のようなものが存在する。このプロセスなしには、つまりこの国際条約に関する一見遠回りのような手段なくしては、五〇カ国に対して、ＰＯＰを禁止することの必要性を説得することは、はるかに困難になるだろう。

いったん発効すれば、この条約は世界的に通用する。そしてこの条約によって、ＰＯＰの使用禁止が今後二、三年で実現すると私たちは予測している。このケースの場合はドイツや、後にはとくにカナダのような**頑《かたく》なな国の主張**※が、かつて世界がまだ政治的に分割され、ほとんどネットワークされていなかった時代と比べて、はるかに届くようになったからである。

しかしこのＰＯＰの世界的な禁止事例のように、私たちはあらゆる環境問題に対してこれほど多大な時間を費やすことはできない。たとえばとくに遺伝子組み換え作物の売買を制限する「生物安全性議定書（Biosafety Protocol）」は、はるかに早いスピードで締約された。すなわち一九九二年にリオデジャネイロの地球サミットでこの条約の草案が採択され、二〇〇〇年一月にモントリオールで参加国による共同組織がついに発足し、数カ国（アメリカ、カナダ、オーストラリア、アルゼンチン、中国、ウルグアイ）の反対を押し切って、最終草案への署名が行なわれた。

おそらく**ヨハネスブルグの「リオ＋10会議」の前に発効するであろう京都議定書**※については、合意に達するまでに五年間——一九九七年から二〇〇一年夏に至るまで——かかった。特定の国家の積極的参加や集団的圧力が一体となって、**ボンでついに、デン・ハーグでの議論中断を克服し、条約締結に成功した。**※ここではとりわけＥＵがその役割を果たした。

良き準備、条件と忍耐

国際会議に関してはＥＵ諸国は連帯して行動し、欧州理事会と欧州委員会がその代表を務める。ドイツはそれゆえ、つねにただＥＵの範囲内でのみ国際会議に参加できるのだが、むろんＥＵ内ではケース・バイ・ケースでさまざまなグループを形成することができる。

ＥＵが外部に対して一致した見解を表明することが、環境政策面で極めて意義深いものであることは、すでにこれまで実証されてきた。ただそうなると、アメリカや特定の国家連合体のような他の諸国家が対抗姿勢をとってくる可能性がある。

ボンおよびマラケシュにおける気候変動条約会議の場においては、ＥＵはひとつの強大な国家であるかのように振る舞い、最終的に、とりわけアメリカや、またオーストラリアのような国々の反対を押し切ることを可能にした。

多くの交渉に際して、比較的同等の力の利益団体が存在している。一方の側にはＥＵが、他方の側にはアメリカがついて、それぞれバックアップする。途上国はＧ77※に中国を加えグループを形成しているが、そこにはまたとりわけ、気候変動によって存続が脅かされている小さな島国によって組織さ

頑なな国の主張：ＵＮＥＰが主催した「ＰＯＰ条約締結のための政府間交渉会議」が一九九八年より毎年連続して世界各地で開催されたが、そこでドイツやカナダ政府が、ＰＯＰ物質の禁止に関する厳しい適用基準を主張し続けたことを指すもの。

※実際に京都議定書の発効は、ヨハネスブルグ・サミットの一年半後の二〇〇五年二月十六日に、ロシアの批准により発効した。

※二〇〇〇年十一月十三日から二十五日まで、オランダのデン・ハーグで開催された、ＣＯＰ6会議（国連気候変動枠組条約第六回締約国会議）を指す。この会議では主要事項についても合意に達することができず、会議は中断する形となって決裂したため、二〇〇一年七月にドイツのボンでＣＯＰ6の再会会合が開催されることとなった。

Ｇ77（Group of 77）：国連における発展途上国の交渉グループ。一九六四年に設立され、当初は七七カ国であったが、現在一三二の発展途上国が参加している。議長国は持ち回りで決められ、会議ではたいてい議長国が代表して発言する。ただし本文中にもあるように、地球温暖化問題では内部で意見が一致しないケースが多く、さらに内部に独立したいくつかのグループが形成されている。

れたＡＯＳＩＳあるいはＯＰＥＣ（石油輸出国機構）のような下位グループも存在している。交渉においては、国際機関に加えＮＧＯや産業連合体も、諮問機関として参加している。

こうした会議が開催される場合、条約を草案する際に、あらゆる議論の余地のある問題はとりあえず据《す》え置かれる。それらは先に専門委員会――ここには、ときには何百人もの、また何千人もの、ありとあらゆる分野の専門家が集まる――が取り扱う。一九九九年二月に生物安全性議定書の審議が行なわれたとき、草案の作成には一三四カ国からなる専門委員が関わり、さらに六八〇もの付託動議がなされた。これらの専門委員たちは、閣僚らが主要問題を最小化できるよう、作業に一週間を費やした。閣僚会議は、最後に昼夜ぶっ通しで行なわれ、議決はしばしば朝の六時か七時くらいに行なわれる。二〇〇二年十二月の、ＰＯＰ条約の最終交渉会議は、月曜日から金曜日までほとんど休みなく行なわれた。土曜日すなわち最終交渉日には、最終会合は早朝に始まり、会議が終わるまでに実際、二十四時間かかった。深夜に入ってからも時間は刻々と過ぎた。翌日曜の朝、七時四十五分に条約草案がまとまり、合意に至った。

京都議定書については、デン・ハーグにおいては二昼夜連続で臨んだ交渉でも合意に至らなかったが、二〇〇一年七月二十三日、ボンにおいて一夜のうちに決着がついた。

無理解な国の利益による謀略

こうした交渉の際には、極めて不均一で時折《ときおり》矛盾した国家の利益が交錯して現われる。北の国々は、主に二つの陣営に分かれている。すなわちアメリカ、オーストラリア、カナダとその他数カ国が一方の陣営を形成し、他方の陣営はヨーロッパ諸国である。EUは主に大胆な環境および公正さの基準の代弁者となっている。

ただし時としてヨーロッパの国民国家は、自らこの方針に反対することもある。二〇〇〇年十一月のデン・ハーグでの気候変動対策交渉の場では、ヨーロッパ陣営は原子力利用を気候変動対策として承認しないことを保証するよう求めた。しかしEU参加国からなる個々の部局はここで異なる立場をとったため、ヨーロッパ陣営自らの立場が承認されるまでにかなりの時間が延長され、会議最後の晩の最終交渉ラウンドにおいてようやく文書がまとめられるに至った。これは確かにデン・ハーグの会議の挫折の原因とはならなかったが、ヨーロッパ陣営の国際的な気候変動政策に対するリーダーシップを弱める原因となった。

ボンでの気候変動交渉においてようやく、私たちは地球全体で、クリーン開発メカニズム（CDM）にもとづく新たな原子力発電所建設を排除するべきである、という議論の争点を一貫して主張した。私たちヨーロッパ側は、この間一体となり、一本の絆で結ばれていた。

最終的に多くの問題が解決をみることができた。というのも、互いの利害関心が明らかになればなるほど、事は解決しやすくなるからである。温室効果ガス削減義務を課せられたある参加国は、京都

AOSIS（Alliance of Small Island States）：国連の小島嶼国連合組織。南太平洋、インド洋、カリブ海などに散在する小さな島国の連合であり、サモア、フィジー、モルジブ、モーリシャスなど、四三カ国が参加。

での交渉（京都議定書）による、第一約束期間内においては温室効果ガス削減目標を達せられないだろうと述べた。しかしその国は、総論で京都プロセスを支持した。その国は、次の（第二）約束期間においてなら削減義務は達せられるだろうとしたが、しかしこの国は、自国が遵守できないものにはけっして署名しようとはしなかった。それゆえこの国は、第一約束期間に対して例外規定を要求した。この立場は明確なものであった。そこでこの件は一件落着したのである※。

利害関心の焦点が明らかにならない場合、事はより面倒になる。つまり一国がその問題のありかを明確にしないまま、交渉を先送りしようとした場合である。ひとつのグループ内に存在する複数国間で互いに異なる利害関心が――それが原子力に関する問題であろうと、森林地帯の保護の問題であろうと――克服されないかぎり、このグループのそれ以外の発展的な役割も総じて疑問に付されることになる。

自然を征服する？

人類の過去の画期的な発明――火や、車、印刷術、ワクチン、インターネット等々――にはすべて、ひとつの共通点がある。すなわち、それらは人間が環境に対して自己主張を行ない、環境を征服し、互いの意思疎通を図る能力を高めたということである。それは、地球上での人間自らの手による支配を構築するための明確な手段であった。

これらの人間の技術力を活用するために必要とされたのは、世界市民としての自覚でも、自然資源を保護し、それにより環境も保護するという特殊な動機でもなかった。それよりも、生存欲求や、エゴイズム、労働の軽減といった目的がその原動力としてあれば十分に事足りた。

これに対して、今日私たちは――とりわけ文化教養がまだ存在し、維持されているところでは――人々の利用要求ないしは願望と、生態系の許容能力との比較を可能にするような教養を広めねばならない。その際には自然の許容能力のほうに優先権が与えられねばならない。世界の上層階級の人々は、それゆえ自らハイレベルの天然資源の消費を減らさねばならない――ただしそれが一般にメリットを与えず、人々が豊かさを諦めることに必然的に結びつかない限りにおいて。

ソルヴィス社の太陽熱給湯器から出るお湯であろうと、**シュティーベル＝エルトロン社**の瞬間湯沸器から出るお湯であろうと、朝湯で利用するには何の違いもない。しかしエネルギーの観点からみれ

※ここで話題にされている「ある国」とは、とりもなおさず日本のことである。日本は二〇〇一年七月にドイツのボンで開催されたＣＯＰ６会議の場で、日本政府代表団（当時は川口順子環境大臣）は、日本だけ温室効果ガス削減義務目標に森林の吸収率を特別に多くカウントするという「例外規定」（特別扱いルール）を承認するよう最後まで頑強に主張し、そのため会議は一日延長されたが、結局、削減義務国の中で日本だけこの例外が適用されることとなり、会議は終決をみた。

ソルヴィス社（Solvis）：ドイツで有名な自然エネルギー企業。主に太陽光や太陽熱を利用した製品の技術開発および販売を行なっている。

シュティーベル＝エルトロン社（Stiebel-Eltron）：電気暖房や温水器で有名な国際（多国籍）企業。本社はドイツ。日本にも法人会社がある。

ば、その違いは相当なものがある。

持続可能性とは、人間と生態系とが新たなバランスをとること

人間と生態系との新たなバランスをとることとは、二十一世紀の中心課題である。このために必要なのは、包括的な社会改革である。重要なのは、ただいわゆる開発政策や技術革新、さらには効率性の向上や資源消費の制限といった改革だけではなく、それ以上の改革である。私たちは地球環境の有限性をスタート地点として、私たちの戦略を築いていかねばならない。つまりエコロジーによってグローバリゼーションと正義を相互に結びつける戦略を。

ヴァンダナ・シヴァは、つぎの三つの会計を区別している。地球の生態学的プロセスとシステムを総括する「自然会計」、生存のための基本必需品である衣食住という意味での「人間会計」、さらにはお金の流れや付加価値に関連する「資本会計」である。

九〇年代のグローバリゼーションは、資本会計が自然会計や人間会計の犠牲の上に拡大する結果を導いた。ヴァンダナ・シヴァにとって、生態系内部での生命の再生産や部分的再生は、持続可能で公正な発展という前提条件が必要とされる。

ヴァンダナ・シヴァの言う意味での「発展」が実現するには、第二次世界大戦の終わり以来世界的に定着した考え方、つまり「発展」とは北の国々を手本とし、それに追いつこうとすることであるという一面的で偏った考え方から、北と南の国々がともに解放されなければならない。つまり工業国は、発展のための持続可能なモデルを持っていない、その代わりに、まさにこのモデルに固執すること自

体、環境の危機を一段と高めることになる。さらに確認しなければならないのは、工業国が、何倍もの高いレベルの発展を要求していること、すなわち搾取と資源の浪費は誤った方向への発展だということである。持続可能な資源利用を尺度として用いれば、工業国はモザンビークやラオスよりもその発展レベルは低いといえる。

開発・低開発・誤った開発

米大統領ハリー・S・トルーマンは、一九四九年一月二十日の大統領教書において、この地球上の国々を、先進国と低開発国とに区別した。彼によって命名されたこの基準は、一国の国民経済の生産性向上を衰退させた。その結果、世界の国々の多数の人々が「低開発国」となった。経済力こそが、その社会を図る基準となったのである。

ＧＮＰが一国の総合的な経済成長を証明する指標となってからは、南の国の尺度は、もはや北の国々の視界から消えてしまっていた。その結果、南の国々のすべてが互いに競争を強いられ、北の国々への追いつき合戦を強いられることになった。スタート地点が多少異なっていたうえ、南の国々は部分的に異なる戦略を用いた。しかし南の国々はすべて同じ方向、すなわち産業国の後追いに進まざるをえなかった。南の国は先進工業国に追いつくことができるだろうと指摘されていたからである。この蜃気楼のような錯覚は、まるでおとぎ話に出てくる、ハリネズミに競争で勝てるだろうと考えたウサギの話のように、幻想であることが明らかになった。つまり北の国の経済力は南の国々を待っていてはくれず、つねに南の国々より先を進んでいたからである。工業化の遅れを取り戻そうとする試みが、多くの南の国々のモデルとなっていた間に、北の国の社会はサービス産業社会へと発展していたのである。

「南の国の低開発」構造に抗して

「先進国」と「低開発国」とを区別する方法は、さまざまな観点で決定的なものである。経済成長を社会の発展の唯一の基準に持ち上げる者が、文化ならびに、人間と自然との関係からプライベートな関係にいたるまでの、別様のイメージをつくっている。それらがとりわけ経済活動を妨害することは許されないのである。

この考え方に一貫することとは、すなわち経済成長こそが万能薬とみなされていることである。これは誤りである。すでに一九七三年、当時の世界銀行総裁であったロバート・マクナマラが、成長が上流層から下流層に、貧しい者たちにまで浸透し（トリクルダウン効果）、幸福をもたらすというのは幻想であると述べていた。その反対に、GNPアップをめざそうとする成長志向こそが、貧困層の人々の数を増やしている原因なのである。

「低開発」を示す基準の多くは、自己矛盾を導いている。すなわち経済における農業部門の占める割合が高く、農村部人口の割合が高く、経済の多様化の度合が少なく、世界市場への統合度が低く、GNPが低いという自己矛盾である。

人口の大部分が農村に住む農民であるということが、なぜ未発展といえるのだろうか？　農村部には学校がないので、そこに住んでいる人々は教養のない田舎者だとでもいうつもりなのだろうか？

エコロジー的に受容可能な経済様式が存在しており、ＧＮＰが発展指標でなければ、農村部の人口割合が高くとも、ポジティブに評価されることだろう。都会と異なり、農村部の人々は、少なくとも自然のライフサイクルとよりうまく統合できる機会を持っている。農村地域の住民たちがバイオ由来の食品や風力エネルギーもしくは太陽光ないしはバイオマス・エネルギーを採用すればするほど、また新しいコミュニケーション・メディアによって農村部にも需要を完全に満たすだけの職場が生まれれば生まれるだけ、この低開発という固定的基準は意味をなさなくなるだろう。

未来を新たに構想する――エコロジーの視点で誤った開発を是正する

「先進国」と「低開発国」とを機械的に区別することによって、あらゆる誤った開発のうちの最も憂慮すべきもの、すなわち北の国による自然資源の濫用がうやむやにされてしまう。私はこれほどまでに生態系を消滅させることは、破壊的行為だと思っている。社会は、それ自身の生活基盤の搾取に依存しないかぎりで、「先進社会」だといえる。

いわゆる社会的公正の問題は、ただエコロジーにもとづいてのみ解決可能であり、人間の世界はた

トリクルダウン（通貨浸透）効果（trickle-down-effect）：大企業に流入させた資金が、中小企業や消費者に浸透して景気を刺激する効果。

だエコロジーにもとづく経済様式およびライフスタイルによってのみ維持されうるのである。

リンゴとナシを比較する

別の観点でもまた、「先進国」と「低開発国」という前提は、けっして意義深いものとはいえない。すなわちその結果生じた国家連合が今日の視点からみればまさに恣意《しい》的なものであり、それもそのつど自国の利害関心に応じて、しばしば非生産的な活動を行なうからである。「開発途上国」とは今日では「工業国」ではない国々のことを指す。その中にはいくつかのOECD加盟国が含まれている。たとえばメキシコ、韓国、トルコ、アルバニアやキルギスタンのようなかつての東欧ブロック諸国、サウジアラビアのような富裕国（独自のノウハウを持たないために自らのサービス事業を購入せざるをえないからという理由で）、中国やチリのような高度の多民族国家、ラオスやエリトリアのような貧困国、ブラジルやインドネシア、あるいはシンガポールのような中開発国である。

ほぼ四十年前、いわゆる開発途上国が北の国々に対して自国の利益をよりよくアピールできるように、G77において連携を組んだ。その後G77には最貧困国や富裕な国も含めて一三三カ国が加盟した。このグループの中には実際、相当程度の利害対立が存在している。たとえばOPEC加盟国と太平洋の小さな島国との間に。つまり気候保護に関して、OPEC加盟国はアメリカと必然的に同盟関係にあるのに対し、キリバスやツバルのような島国はヨーロッパと同盟関係にある。このような以前から存在する「歴史ある団体」においては、今日、気候保護が必要な小島国のような最も弱い立場にある国々が、この自分たちのグループ内部にいる最も力のある国々に追従しなければならないことになる。

京都議定書は、北の工業国に対してのみ、その第一約束期間において温室効果ガスの削減を義務づけている。この議定書に加盟していない他のすべての国々はこの義務を免れている。大気中に含まれるCO_2の八〇％が、北の国の人間の活動に由来していることはいうまでもない。京都議定書が適用されてもっともプラスになるのは、「開発途上国」として扱われているシンガポールやサウジアラビアである。というのもそれらの国々は第二約束期間においてはじめて温室効果ガス削減努力を始めればよいからである。

オゾン層保護に関するモントリオール議定書に関しては、まず課題に限定した使用限界が策定された。この一九八七年に批准された条約および付随条項は、オゾン層破壊の本質的原因となっているフロンガス（ＦＣＫＷ）の生産および使用の段階的廃止をルール化するものである。北の工業国においては一九九六年以降、一〇〇％ハロゲン化されたフロンガスの生産は禁止されている。南の国々では二〇一〇年まで猶予期間が与えられ、その後一〇〇％ハロゲン化のフロンガスの製造および使用が全面禁止となる。つまり一人当たり一年間に三〇〇グラム以上のフロンガスを大気中に解き放てば、工業国であるという扱いを受け、自動的にこの議定書加盟国グループによる、より厳しい排出削減の履行義務が課せられる。当該国を工業国グループ扱いとするかどうかは、投票によって採決される。

もし人々がＧＮＰもしくは「先進国」と「途上国」という歴史的な区別の代わりに、原則新たなカテゴリーとして「一人当たりの消費量」を導入するのであれば、持続可能な社会の実現にとって首尾一貫して有効であろう。

開発政策からグローバルな構造政策へ

北の国々自身も誤った開発を行なってきたために、かつて北の国々全体に浸透していた開発の理想がもはや実現できなくなったために、新たな試みが必要となっている。

この件に関する政治的課題は、開発援助からグローバルな構造政策へ、というものである。これは一九九八年の赤―緑政権の連立政権協定において定式化されたことでもある。この考え方を推し進めるかぎり、私たちはグローバルな拘束力を持つ環境基準を設定せねばならず、新たなグローバル体制、とりわけエコロジーで公正な国際貿易関係を創造しなければならない。その後私たちはまた、毎年〇・七％という過去数十年の間にすでに見放されてしまった**「屋根の上に永遠にとまっているハト」**※からも決別できた。

すなわち最近三十年間の国際会議において、またリオの地球サミットにおいて繰り返し要求されてきたことは、先進工業国は自国のＧＮＰの〇・七％分をＯＤＡ（政府開発援助）に支出すべきだというものである。この目標はデンマークやオランダなど、ほんのわずかな国々しか達成できなかった。（国連事務総長の）コフィ・アナンは、ＯＤＡを年五〇〇億ドル上乗せすることを求めた。

ＥＵの開発協力担当大臣は、バルセロナで二〇〇六年までにＯＤＡを年〇・三三％から〇・三九％まで上乗せすることを確約した。

ＯＤＡは世界的には五五〇億ドルに満たない。それに対しドイツの国家予算は二〇〇二年の一年間で、二四七五億ユーロに達している。世界的には毎日一五億ドルの外国為替分が返済されている。これらの数字が示していることは明確である。すなわち「開発援助」が個人の生活を援助するためのものであるのに、世界的には「焼け石に水」以外の何物でもないということである。

金の卵を産めるのは、おそらくスズメのほうである

このハトを心から期待すること、つまりこの〇・七％の目標を達成することが私たち共通の意志でないのならば、二〇〇一年のイェーテボリおよび二〇〇二年のバルセロナにおけるEU諸国のように、この目標達成を国際的な決議条項においてお百度参りのように何度も繰り返すことは、はたして意味あることなのだろうか？　少なくとも確約することはやめるべきである。ところがグローバリゼーション調査委員会は、さらに一％達成に向けて努力すべきであると勧告している。

この〇・七％の目標をめぐる長らくの闘いよりもはるかに本質的なことは、「援助より貿易を」というスローガンを最終的に文字通り実行させることにあると私は考える。北の国は農業および繊維業に対する保護協定を放棄し、真の自由貿易にゆだねるのであれば、南の国自体はこれまでのODAの総額よりも多額のお金を稼ぐことができるだろう。

ドイツ政府が行なったグローバリゼーションに関する調査によれば、北の国が市場開放を行なえ

※実現不可能な遠い理想・目標のたとえ。ドイツ語のことわざ「屋根の上のハトよりも手の中のスズメのほうがましだ（Besser ein Sparling in der hand als eine Taube auf dem Dach）」を引用した文句で、実現に遠い理想を追いかけるよりも、手頃に達成可能な目標を選べ、という意味。

ば、南の国々はさらに年に一五〇〇億ドルから二〇〇〇〇億ドルの価値のある製品を販売することができるとされている。

まさに南の国々が競争できる分野、たとえば農産物や繊維製品、特定の鉱物製品といったものに対して、北の国々が保護政策措置をとっているのである。ヨーロッパの砂糖に対する市場運営ルールおよび補助金制度が廃止されるまでに、つまりキューバだけではなく、数多くの南の国々が砂糖で経済的な収入を得られるようになるまでに、なぜ十年以上もかかるのだろうか？　ドイツ政府は欧州委員会に対して、農業ロビイスト団体との粘り強い論争の後に、結局全ヨーロッパレベルで砂糖製品に対する補助金の廃止を承認させることに成功したのである。

危機回避および危機克服のための改革案

〇・七％という目標に固執する代わりに、グローバル・プレーヤーに新たな収入機会を求めることのほうが合理的である。彼らはしばしば、世界展開する関税のかからない共同貨物サービスを利用している。しかも彼らはそれによって相当の利益を得ている。**ドイツ連邦政府・地球環境変動に関する科学的諮問委員会**（ＷＢＧＵ）は、空路と海路の輸送料を上乗せし、地球規模で価値の高い環境資源の利用を断念する場合にその対価を支払うことを提案している。

これとは別に、外国為替のグローバルな投機取引に対して課税することを支持する人々もいる。この外国為替の投機取引への課税、または取引に対する課税モデルは、アメリカのノーベル賞受賞者**ジェームズ・トービン**に由来するものである。国連開発計画の元総裁であった**ガスターヴ・スペス**は、まだ今日ほど外国為替の投機取引が発展していなかった一九九四年の時点で、世界規模で〇・五%のトービン税で――ありそうにないことだが、たとえトービン税によって外国為替の短期間の投機取引が半分に落ち込んだとしても――年間二五〇〇億から三四〇〇億ドルの税収が見込めるという試算を発表していた。これは政府開発援助(ODA)の数倍の額に値する。

トービン税の導入に対するとてつもなく強力な抵抗があったため、このスペスのモデルはその後修正されることになった。**パウル・ベルント・シュパーン**による新たなトービン税の二本柱の発展モデ

WBGU:ドイツ連邦政府・地球環境異変に関する科学的諮問委員会(Wissenschaftliche Beirat der Bundesregierung Globale Umweltveränderungen)。一九九二年創設。二〇〇二年ヨハネスブルク・サミットで地球の気候変動および持続可能な開発に関する提言を行なう。

ジェームズ・トービン(James Tobin):エール大学経済学部名誉教授。米ケネディ政権の最高顧問。一九八一年にノーベル経済学賞を受賞。いわゆる為替取引税の生みの親として知られる。

ガスターヴ・スペス(Prof. J. Gustave Speth):一九四二年生まれ。米国大統領環境問題諮問委員会委員として一九八〇年に公表した政府報告書『西暦二〇〇〇年の地球』が世界的に評価される。一九八二年、民間非営利研究機関である世界資源研究所(WRI)を設立、一九九三年にはUNDP(国連開発計画)総裁に就任。

パウル・ベルント・シュパーン(Paul Bernd Spahn):ドイツ・フランクフルト大学教授(金融理論)。九〇年代初めにIMFの顧問を務めた人物。ここで紹介されているのは、為替レートの安定化を図るためにトービン税に「為替変動時にのみ加算する税方式」を付け加えるという彼の自論である。彼のこのトービン税を発展させた「二段構えの課税」は「シュパーン税」としても知られる。

ルは、長期的投資をけっして妨げることなく、投資家の利益を削減できる。シュパーンは、〇・〇一％を必要最小限とする――元来のトービン税を奨励した。さらにこの破壊的な取引行為に少しでも魅力的な側面を添えるべく、彼は短期的な為替投資（一カ月間以内の）に対する課税という第二の課税を提案した。すべての外国為替取引に対してあらかじめ〇・〇一％の課税が機械的に徴収されることが確実であれば、多額の投機的な資本の移動があっても、技術的に何ら問題はないからである。

この二本柱のトービン税による収入を、貧困国における持続可能な、エコロジーで公正な構造改革を促進させるためにあてることができる。このトービン税は、金融市場により生じた危機の拡大に歯止めをかけ、その被害を緩和することに役立つだろう。

債務を帳消しにする

もし金融危機が一度起きたら、ＩＭＦ（国際通貨基金）が発動することになる。ここでもまた――自然遺産の保護義務を超えた――改革が必要不可欠である。ＩＭＦの役割は、ただ公的資金を投入し、民間銀行の信用リスクに歯止めをかけるだけではない。九〇年代にＩＭＦの資金は債務国を援助するのではなく、何度も債権国の要求を満たすために提供された。当時、ＩＭＦは事実「銀行や投資ファンド、個人出資者のための無料のリスク保証」（アンケート文より）を、南や東の国々で行なっていた。債権国は危機回避のためのプログラムに自主的に参加せよというＩＭＦの要請（いわゆる「取り込み」）は、それゆえまったく論拠あるものであった。

重要なのは、債務を持つ貧困国（重債務貧困国／ＨＩＰＣ）に対する重点的援助である。一九九九年七月、ドイツのケルンで開催された世界経済サミットにおいて、ドイツの提唱により、新たな債務帳消しラウンドが始まった。そこでは二三〇億ドルの規模の債務が帳消しにされた。

これはただ善良な行為というだけではない。それは私たち共通の利益になることである。地球上の貧しい家庭は、債務の返還のために自分たちの最後の蓄えを奪われてしまう――これは私たちにとって利益にはならないし、地球全体の利益にもならないことである。そして環境の搾取は地球全体に害を与える。

成長および福祉のための新しい視座

経済成長はGNPによって測られている――何らかのやり方で経済活動といえるもの、もしくは経済活動につながるもの――はすべてこれに算入される。森林伐採や森林の売買は帳簿上「成長」とみなされる。その結果、私たちが何十年にわたって森を破壊してきてもである。それが自然の豊かな森であれば、同時にさまざまな種類の価値ある生活空間がますます失われてしまう。これは土地管理や、水の管理、さらには人間が休息したくなり、また休息できるような土地にとっては重要な問題要因である。

取り込み（bail-in）：民間セクターを「取り込む（bail-in）」こと，つまり各国への融資期間を延長するよう債権者に圧力をかけること。

ガソリンスタンド業も一種の成長である。たとえガソリンの消費が環境に有害であっても。自動車事故でさえもプラス成長に数えられる。たとえその結果がおそらくドライバーの後遺症や自動車の大破につながったとしても。すなわち事故後、自動車は修理工場行きで、ドライバーは診療所か病院行きで、その後弁護士のお世話にならなければならないとしても、である。「今再び両手につばをつけた以上、私たちは必ずGNPを上昇させてみせる」――まるでこれは、八〇年代に創設された、新しい**ドイチェ・ヴェレ**のための歌『ハゲタカの急降下』の歌詞のようだ。

矛盾を認識する

GNPは、経済成長を絶対化し、ポジティブに評価する盲目の数字である。GNPは、まさに今起きていることの中身を問題にしているのではなく、あくまで成長を数量的に測定したものである。

今日しかし生態系の生存基盤が大いに危機にさらされており、それが乏しいがゆえに貴重な存在となっている。それゆえ私たちは経済というもののイメージ、ならびに経済発展のプロセスを測る新しい尺度を開発しなければならない。それらを実現することはけっして容易ではない、というのも現在の尺度は諸々の特権にお墨付きを与えているからである。たとえば化石燃料によるエネルギー経済という特権である。それはともかく、新たな尺度表を開発する必要性は、気候変動がエスカレートするにつれ、ますます否定できないものになった。

その実現のためにはさまざまな矛盾が解消されねばならない。それはドイツでも世界全体でも同様である。たとえば新しいドイツの省エネ政令においては、一次エネルギー消費量をこれまでの省エネ目標の三分の一に抑えるよう定められた。その基本にあるのは、将来、電気料金やガス料金といった個別でエネルギー消費量を計算するのではなく、一次エネルギーという統一単位を採用することである。この一次エネルギーという統一単位が導入できたのは、大きな成功であった。しかしそれは一〇〇％導入できたわけではない。ノルトライン＝ヴェストファーレン州およびニーダーザクセン州の二人の社民党（ＳＰＤ）の州知事は、電気暖房や熱ポンプでお金を稼いでいる、それぞれの州にあった二つの企業のために、エネルギーの多様化に力を入れた。双方の企業ともエネルギーを無駄遣いしていた。しかし、このような特定の企業に対する保守体制的な利益誘導政治でも、ついに最新の太陽熱設備の導入を阻止することはできなかったのである。

政治に要求されている、あらゆるエコロジー的もしくは公正な諸改革に対して、現在の体制下で利益を得ている人々やそれゆえ現状維持を望む人々から抵抗が起こっている。実際、競争における根本的問題を作り出しているのは企業である。褐炭と違い、ガス発電は課税対象となるため、ある企業は褐炭を原料に、高効率のガス発電所にひたすら対抗しようとした。その結果、競争のネガティブな側面が、汚染や景観破壊を招くエネルギーという形で露呈されたのである。

こうしたエコロジーの観点による施設の改善政策は、適時に経済的に成長する機会を逃したこの（電力）業界とまさにいとも簡単に摩擦を起こす。たとえば風力エネルギーや太陽熱のように、「どち

ドイチェ・ヴェレ（Deutsche Welle）：ドイツを代表する公共放送メディア。ＴＶやラジオを国内ほか世界各国に向けて放送している。Welleとはドイツ語で「電波」のこと。

ら も勝ち」状況（環境にも電力会社にも直接的なメリットが与えられる状況）を創り出すことは、より短期的な利益の配分を得ようと、もしくは競争すべしと考えれば考えるほど、より難しくなる。

経済的にもエコロジーの観点からも持続可能な経済政策を実現するには、戦略的な行動が前提となる。まさに高騰期における株式市場の投資対象は、賢明で長期的志向の企業の決定事項ではなく、楽観的な予測にもとづく四半期報告である。それは新しい経済分野への新規参入企業のみならず、世界の最大手エネルギー企業であるエンロンにも、危機が差し迫っている場合には、魅力を与えているのである。

経済全体の論理と企業経営の論理との相互矛盾のうえに、金融市場志向の経済政策だけが地球規模で浸透することによって、短期的利益志向の企業文化による利潤獲得が促《うなが》されている。もはや企業経済の論理に従っても、株式市場のルールによっても、この地球上での持続可能な生活は将来的に可能ではない。

このように単一企業が短期的に利潤を獲得する結果、GNPの上昇が持続可能な地球規模の発展の物指しとしてもはや有効ではないとすれば、さらに新たな指標が必要である。

GNPの代わりにエコロジー総生産を

持続可能であることとは、自然資源の保護を中心に据《す》えた評価を行なうことである。そのためにはすべての国々で、現在どれだけの自然資源が存在しているか、すなわちどれだけのきれいな水が、森が、豊かな土地が存在し、どれだけの種類の生物がいるか等々が調査されねばならないだろう。その後、自然が――たとえばガソリンの消費、伐採、アグリビジネスによって――枯渇しているかどうか、経済活動に関するあらゆるフィードバック調査が行なわれねばならないだろう。もしくはさらにその国が最終的により豊かになるよう、自然保護が促進されているかどうかという調査が必要である。それはウィンドパーク（洋上風力発電施設）の建設や、原子力発電所の建設の際にもあてはまる問題だろう。

盲目的な成長指標から脱却することは、経済成長を拒否することではない。そうではなく、それは有限な自然資源の濫用を拒否することである。

新しい算出モデルの戦略的目標は、環境に関する適切な同盟関係を構築することである。つまり環境活動家、企業、大企業、財務局、財務大臣それぞれ相互の同盟である。さらに私たちは価値体系や算出体系を設定し、それにもとづいて財務局や財務大臣が毎年の終わりに自然資源の消費に関する事業報告を行なうことが必要である。これは自然資源をあまりにも多く消費すれば、たとえすべての経済活動の総額が増加したとしても、自動的に赤字とされる仕組みである。

このようなエコロジー総生産が拘束力あるすべての物指しとして設定されれば、既存の資源を保護することははるかに容易となるだろう。このパラダイム転換は、価格が生態系に関する真実を反映する場合にのみ、実効性をもてるようになる。そうして初めて、財政担当官や、経営者、財務大臣および個人の家計が、一貫して自然消費を節減しはじめるようになるのである。たとえば公園の土地にアスファルトを敷くのではなく、カットした石を敷き詰め、固定されたネットを張り、その間に芝生を植えて、そこに雨をしみこませるようにすれば、大気から土を閉じ込め、自然のライフサイクルを遮《しゃ》断《だん》させずに済むのである。

IMFにエコロジー総生産の存続義務を負わせる

エコロジー総生産を導入することはまた、IMFの再建努力の際の主眼点に置かれねばならない事項である。IMFは通貨の安定を維持すべき機関である。ある国で相当の量の外貨が不足し、もはや支払い不能となり、どの銀行もその国にそれ以上融資しない場合に、唯一の救いの手はつねにIMFである。このようなセーフティネットは、一国を絶体絶命の危機的状況から守るために必要不可欠であり、有効である。しかしながらIMFの融資条件は、緊急に改革を要するものである。IMFは債務超過のそのつど個別の原因に応じて対応すべきであり、一国の長期的将来にもっとその目を向けるべきである。

貧困国の財政困難の原因は、概《おおむ》ねさまざまである。それが外部要因である場合は、たとえばドル相場であったり、不平等な貿易関係、十分なリスク検証なき銀行による大規模なクレジットの贈与、といったものである。それ以外の原因は内部要因である。すなわち誤ったクレジット利用、腐敗、資本流出、効果的な税制の欠落、上層階級の人々のぜいたくな消費や、軍事費調達による外貨の濫用といった原因である。

IMFは基本的に三つの救済措置を発動する。一番目の救済措置は国内通貨の価値切り下げである。それによって輸出価格が下がり、輸入価格が上がる。上層階級が富裕であることから、この手段によって――あらゆる作為的な抗弁を無視してでも――ぜいたく品への願望をほどよい程度に抑えられる。がしかし、一般に供給される食料品の価格は上がる。通常これらの国々では、中流階級の人々、さらにとりわけ貧困層の人々が大半である。二番目の救済措置は、国家の歳出抑制である。病院や学校では利用料もしくは報酬が徴収されることになる。国家機関は縮小され、公営企業は民営化され、基本食料品には補助金が支払われなくなる。三番目の救済措置は、急激なインフレ抑制措置である。これにより物価は上昇しているにもかかわらず、賃金が固定化される。

第一の救済措置の成果は公正の観点から納得がゆくものであり、第二の救済措置の成果はエコロジーの観点に即している。しかしその次の（第三の）救済措置による直接的成果は、すなわち誰しもその給与が固定化されると貧困化するため、労働者とブルーカラーからなる中流階級の縮小をもたらす。多くの人々が下層階級に追いやられ、過激な行動に走る者も現われる。学校教育は良家の子女の特権となる。

貧困層の人々はますます貧困化し、彼らは自ら基本食料品をほとんど入手できなくなる。「IMF改革」に対する反応として起きた「パンを求める暴動」は、けっしてただ過去の出来事ではない。

IMFの救済措置による直接的な成果は、したがって下層および中流階級を経済的に貧困化させている。長い間、国連児童基金（UNICEF／ユニセフ）や、国連開発計画（UNDP）、世界保険機関（WHO）、国連教育科学文化機関（UNESCO／ユネスコ）などが経験してきた批判的教訓が、ここではただ結果的に理由もなく修正されたことになる。

第二の救済措置は、たとえそれが決め手となったとしても、これまで第一の救済措置ほど発動されなかった。ただ輸出によってのみ利益を得ようと思えば、上層階級は、たとえば森林を伐採し、プランテーションでお金になる作物を栽培したり、あるいは貝類の養殖業者に海岸の一部を切り売りすることで短期的な利益を得るのである。

貧困化した住民たちは、生き延びるために、さまざまな搾取を行なわねばならない。料理をする際に灯油が手に入らない者は、ふたたび薪《まき》や、牛の糞《ふん》あるいはヤギのこぶ（油脂成分が豊富）を捜し求める。その結果、土地がやせてしまう。そして自分の土地を離れる者は、木材伐採業者に雇われる。このような自然の搾取は二つの理由で強行される。つまり貧困と利潤の追求という理由で強行されているのである。

エコロジー総生産は、それゆえ現在のＩＭＦの**構造調整プログラム**によってさらに下落する。ＩＭＦに対し、通貨の安定供給と並んで環境遺産の保護を優先させる政策を義務づけるためには、国連内部における強力な対抗プレーヤーが必要である。それゆえ国連に環境専門機関が設置され、強化されねばならない。

エコロジカル・フットプリント

ドイツ政府は環境税、貨物トラック課金制度、その他の手段で価格を実質コストに近づける試みを始めた。この政策は、エコロジカルな農業、近距離公共交通網、自転車道、さらには鉄道網といった、エコロジーの観点からも有効な代替手段を促進させる。

ここでひとつ問題が残る。すなわち私たちはどうやって物価の動向を超えて、人々に最善策を追い求める関心をもたせることができるだろうか？　また毎日どのくらい私たちは自然を必要とするのか？　という自問自答が生じる。というのも私たちの活動の大半は、何らかの方法で自然を利用することを前提としているからである。すなわち飲食、交通手段、読書（書物や新聞、コンピューターの電力やハードウェア）、労働、余暇において。

一つの思考モデルは、**マーティス・ワケナゲルおよびウィリアム・リース**が提唱したエコロジカル・フットプリントである。このエコロジカル・フットプリントとは、全人口が資源消費に必要とする表面積を、一人当たりの表面積に換算したものである。この表面積に含まれるのは、化石燃料エネルギー、耕地面積、森林、牧草地、人工造成地などである。それらによって陸地に対するエコロジカ

構造調整プログラム（SAP：Structural Adjustment Program）：対外債務の返済に支障をきたした国に対してIMFと世界銀行が提案する政策パッケージ。一九八〇年代の初めに累積債務問題が深刻になってきた頃から本格的に採用された。外貨獲得のために輸出を拡大し、通貨を切り下げ、貿易・外貨投資に関する規制を撤廃し、債務返済を優先するために政府支出を抑制し、教育・福祉予算を削減し、民営化を推進することなどを柱としている。しかし、民営化による労働者解雇や、資源・環境破壊、規制緩和による国内品の競争力の喪失、生活必需品に対する補助金廃止による貧困層のさらなる窮乏、財政引締めによる経済活動の低下など、貧困国に多大の負のインパクトをもたらしている。

原著：OUR ECOLOGICAL FOOTPRINT, Mathis Wackernagel & William Rees,　邦訳『エコロジカル・フットプリント――地球環境持続のための実践プランニング・ツール』和田喜彦［監訳・解題］池田真理［訳］合同出版

ル・フットプリントが算出され、これに加えて海洋面積に対するフットプリントもまた算出される。

コーヒーと自転車、あるいは新聞とのんびり暮らし？

自分の消費活動全般に対する資源消費量を知ることは、グローバリゼーションおよび都市化のせいで、ますます困難になってきている。それらは疑いなく（産地と食卓との間の）距離を大きくさせている。すなわちすべてのものはスーパーで買えるからである。りんごやキュウリ、いちご、サラダ、トマト、じゃがいもを庭であるいは夏の山荘で栽培している人は、そのためにどれほどの土地が必要になるかを、はるかによくイメージできる。畑に毎度水を与えなければならない人は、どれくらい水を消費するか、ほぼ間違いなくイメージできる。

一度、一日の自分自身のフットプリントを計算してみることはとても有益である。グレーのゴミ容器に日刊新聞を投げ入れるか、ブルーの、リサイクル専用のゴミ容器にそれを入れるかでは、大きな違いがある。フットプリント・モデルにふさわしい例は、たとえば一杯のコーヒーを味わう場合である。缶を手にするかリターナブルびんを手にするか、水を飲むかビールを飲むか――すべてが異なる形で反映される。カロリー一覧表があるのと同様、商品や利用したサービス、器具その他に関するフットプリント一覧表も作れるだろう。

あるいは、自転車利用である。それはフットプリント・モデルではもちろん地下鉄やバスや車を利用するよりもずっと高い評価がつけられる。通勤距離が長い場合、よりおいしい朝食だけは必要だとしても、通勤するための燃料も、土地も、道具も不要だからである。

すべての人が等しく同じ価値を利用できるよう、本気で意志を貫こうとする人には、エコロジカル・フットプリントが資源消費量の計算および最小化のための善き手段となる。それは他人を説得するためにも、うってつけである。それによって協定価格も修正されるかもしれない。たとえば、冬の季節にはいちごはいくらでなければならないか？　そしていちごは、はたしてそれだけの値うちがあるか？　と。

エコロジカル・フットプリントは、北と南の格差を大変明確に示している。これまでにドイツ人一人当たり平均で五・二一ヘクタール（全世界平均では一人当たり二ヘクタールに対して）、インドでは一人当たり平均〇・八ヘクタールの面積を利用している計算になる。

工業国の住民があまりにも大きなフットプリントを残しているという結果は、絶望的なものではない。必要なのは効率化の技術である。というのも環境資源が有限であるために、南の国の多数の人々はよりよい技術を持てず、私たちが享受している豊かさを分かち合えず、私たちにかなり近いレベルの生活水準に到達できないからである。私は、この（エコ）効率革命が消費の拡大によって直ちに相殺されるだろうという悲観的な見方には与《くみ》しない。

エコロジカル・フットプリントを私は、思考モデルとして、説得手段として評価したい。政策上の論拠となるのは、たとえばブッパータール研究所が開発したような算出モデルである。

現に、あなたはＦＩＰＳを手に入れている

ブッパータール研究所は、一人当たりの消費量ではなく、製品およびサービスごとの消費量を算出している。つまり、この算出モデルはどれほどの環境負荷が価格ベースに反映されているか、その手がかりを与えるものである。というのも——私たち北の国の人間の言い方を用いれば——さまざまな日常活動の中で、人はFIPSを得ることができているからである。しかもその場合、私たちは自分たちが立っている場所を知らないのである。

しかしここでは日常言語的意味は想定されていない。FIPSは製品の地表面集約度を測るものである。サーシャ・クラーネンドンク（Sascha Kranendonk／元ブッパータール研究所研究員）は、たった一人のドイツ人が（オレンジ）ジュースでのどの渇きをいやすために、ブラジルでは二四平方メートルの土地にオレンジの木を植える必要があると算出した。これをドイツ人全員分について算出すると、一五万ヘクタールの土地が必要になる——これはドイツの果樹園利用地を合わせたものの三倍にあたる。

さらにもう一つの指標はMIPSである。MIPSとは、単位サービスごとの物質集約度を測定するものであり、サービスを伴う一個の製品——自動車や洗濯機、新聞といったもの——にどのくらいの物質が使用されるかを測るものである。測定されるのは、当該製品の製造にかかる環境負荷から、最終段階での廃棄物もしくはリサイクルに至る過程である。

その際、驚くべき結果に至ることもある。というのも、ときにはプラスチックがその頑丈さのゆえに「天然の」素材よりも有効と見なされるからである。とりわけ重要なことは、たとえば一台の車を製造するのにどれくらいの資源が必要になるかということだけではなく、運転中の車の資源消費量や、修理の際の資源消費量、さらには製品の耐久性、リサイクル還元度、リサイクルの際の資源消費量も算入されることである。

その際にはまた、原料、部品や製品の輸送の際の資源消費量も算入される。製品の製造工程は、グローバリゼーションによって引き延ばされてきた。すなわち一台の車の個々の部品は、中国や、ブラジルや、ヨーロッパでそれぞれ別々に製造される。そして全体が寄せ集められて、アメリカまたはメキシコで組み立てられる、というように。車は輸出用製品として再び世界中を回り、スクラップされれば、場合によっては最終的にインドネシアやインドに持っていかれる。ＭＩＰＳの発明者である**フリードリヒ・シュミット＝ブレーク**は、キャデラックの車の製造工程が六〇〇〇キロメートル以上にも及ぶ（ヘンリー・フォードの車なら一五〇メートル）ことを証明した。ＭＩＰＳのコンセプトは、その

ＦＩＰＳ（Flat Intensity Per Service）：「単位サービスあたりの地表面集約度」：一定の地表面の総面積をサービス（あるいは製品）で割った数値。エコロジカル・フットプリントと同様の考え方にもとづく環境指標。

ＭＩＰＳ（Material Intensity Per Service）：「単位サービスあたりの物質集約度」。製品の直接・間接材料を総合した「物質集約度」（ＭＩ）をサービスで割った数値。この値が小さいほど資源生産性は高くなり、環境負荷は減る。（出典）Friedrich Schmidt-Bleek：*Wieviel Umwelt braucht der Mensch? Faktor 10：Das Maß für ökologisches Wirtschaften.* Birkhäuser, 1993, DTV, München 1997。邦訳『ファクター10―エコ効率革命を実現する』シュプリンガー・フェアラーク東京、一九九七年。著者のシュミット＝ブレークは、ＭＩＰＳを初めとする新しい環境効率戦略「ファクター10」や環境指標「エコ・リュックサック」の提唱者の一人として知られる環境経済学者。

つできるだけ消費者に身近な製品を提示することにある。

ＭＩＰＳとＦＩＰＳによって、製品のエコ効率を比較し、最善化させ、バランスシートが提示可能になる。ＭＩＰＳが一貫して適用されれば、サービスを伴う工業製品のデザインやサービス自体のあり方も根本的に変わるだろう。

ＭＩＰＳによって、明確な（製品機能の）表示も実現できる。たとえば私たちが洗濯機や冷蔵庫を買う場合、その製品でいったいどれくらいの水もしくはエネルギーが消費されるかを、あらかじめお店で知ることができるようになる。車であれば、現在に至るまでのエネルギー効率がはっきりと表示される。グローバル・プレーヤーとして製品の購入者は、その製品がトータルでどれだけ消費するかを知ることもできるだろう。冷蔵庫あるいは洗濯機を製造するのに、その製品がどれだけの電力を消費し、どれくらいの耐久期間があり、修理がどれほど簡単で、その製品が使えなくなった後に、最終的にその部品がリサイクルできるかどうか、ということがわかるのである。

これまで私たちは、何かを修理に出すかどうかを決めるのに、修理費用だけで判断し、その製品にそれだけ修理費用を出す価値があるかどうかで判断していた。しかし重要なのは、修理もしくはクリーニングにどれだけの物質の投入が必要か、それはまたエコロジーの観点から推奨されるものかどうかを知ることである。

このような費用節減の背後には、新たなチャンスが隠されている。ＦＩＰＳやＭＩＰＳは、特定の製品を、総合的な意味で持続可能なものかどうかを消費者が知るよう表示するための根拠を提供する。ＦＩＰＳやＭＩＰＳは、改正中古車政令のような、新しい法令制定の根拠に役立つ。それらは自動車産業に対して、どの原料をこれ以上使用してはならないかを指示し、リサイクル率を確定し、中古車の引取りを義務づけるのである。

私たちの空と海は、値をつけられるべき存在である

各々の国が国全体の環境指標を設定し、国連がグローバルな環境指標を設定すれば、環境被害が低下し、多くのグローバル・プレーヤーが今までと違った行動をするようになるだろう。エコロジー総生産という物指しによって、世界中の自然遺産は、推定ないしは想像上の遺産から、財政上の遺産あるいは法的遺産へと扱いが変わるだろう。

国際的な気候保護政策は、すでに排出量の絶対的上限や、個々の国に割り当てられた排出量を適用している。その排出量を超過した国は、他国からその超過分に当たる額を買い取ることができる。買い取りが不可能な場合は、その国は、自国が将来に向けて容易に支払っていける程度の額で、そのクレジットに対する利子を支払わねばならない。この国は次の（第二）約束期間の間に、さらに大きな額のクレジット分を償還しなければならない。

汚染者負担の原則を、私たちは国に対してだけ導入するのではなく、すべてのグローバル・プレーヤーに対して、多国籍企業に対して、さらには地球上の上層階級の消費者に対して適用しなければならない。彼らは皆、これまで人が無償で利用できた大洋や大気と同様、既存の自然財から富を得ているからである。

この自然財とその他の財、すなわち国民国家による法的権限の下に置かれている財とは区別され

る。この権限が長い間保証してきたのは、共同利用されている財（公共財）は無償で利用されるという点である。（しかし今後）廃棄物生産者は、廃棄物処分場やフィルター付の焼却装置もしくはバイオ技術による前処理に対してお金を支払うことになる。ドライバーが石油税を支払うのは、ガソリンを使用し、排気ガスを放出させているからである。貨物トラックはさしあたり、アウトバーンの利用料金を支払うことになる。

さらに付け加えると、国（ドイツ政府）はこの件に関してこれまで首尾一貫してこなかった。国はいくつかの輸送業者に対しては負担を免除してきた——国はそれらの企業には補助金を支払い、他の企業には負担を強いた。それゆえ、ルフトハンザのフランクフルトからベルリンまでの航空便輸送にかかる燃料は無税で、一方でドイツ鉄道は、貨物トラックと同様、その動力燃料に対して税金がかけられている。ドイツ鉄道はそのうえ自前の施設に対する費用を捻出しなければならない、つまりプラットホームをきれいにしたり、駅舎を管理したりする費用を。他方でパイロットは飛行機にただで乗れる。貨物トラック課金制度が導入されるまでは、アウトバーンの通行も無料であった。

航空会社への補助金をやめることで、この鉄道のもつ競争のデメリットを解消しようとする試みはすべて、これまで挫折してきた。というのも、そのためにはEUが航空会社への税金による補助金投入の廃止を満場一致で決定しなければならないからである。しかしスペイン、ギリシアがこれに反対している。けれどもEUがこの補助金政策を廃止しない限り、大陸間の国際線に対しても免税を廃止すべしとするヨーロッパ側の要求は、自国の国内線にすでに一律に課税している日本やアメリカのような国々には受け入れられないだろう。

利用に対価を支払えば……

ただしここで私が問題にしていることは、異なる輸送業者間の「競争機会の平等」以上の問題である。問題は、グローバルな公共財が無料で使用されているということである。飛行機を利用する際には空港使用料が支払われる。空路の利用および汚染、とりわけ温室効果ガスの汚染に対して費用は徴収されない。大洋を越えて荷物を運ぶタンカーは停泊料を取られるが、水路の利用に際してはそれは一切不要である。ただ無料なものは、一般にほとんど評価されない、価値のないものである。それに対し、私たちの空と海は高価な値をつけられるべき存在である。

したがって空や船の航路を通じてグローバルな公共財を使用する場合、将来的には少なくとも使用料だけは徴収できるようにすべきである、とWBGU（ドイツ連邦政府・地球環境変動に関する科学的諮問委員会）は要求する。その収益はグローバルな自然財の保護にあてがわれることになる。

この考え方は、簡単でかつ目的がはっきりと規定されている。このために──航空燃料課税の問題に対し、いまさらあえて解決策を提示するようなケースとは違い──**国際民間航空機関**（ICAO）において延々と議論する必要はない。そこではただ小さな対価に対して相当額が徴収されるだけだからである。

国際民間航空機関（ICAO）：International Civil Aviation Organisation の略。一九四七年発足。国連の専門機関の一つとして国際民間航空条約（シカゴ条約）の規定に基づき、国際航空の原則および技術を発達させ、国際航空運送の計画および発達を促進する目的で設立された。今日では加盟国は一〇五カ国に達している。

前提となることはつまり、この考え方が透明性を持ち、例外なく適用されることである。確かに汚染者負担原則に従えば、ミュンヘン行きの飛行機に対してニューヨーク行きの飛行機と同様、飛行一回あたり一ユーロの負担額とするのは公平ではないかもしれない。しかしこのような簡単な解決策は容易に実行できる。もっともそれだけでは交通量削減効果はあまり期待できないだろう。ただ飛行一回当たり実際一一％の動力燃料税が例外なく課税された場合にのみ、航空業界の成長のテンポが抑制できるだろう。

アイフェルではなくケニアで花を栽培し、それを一晩でドイツまで空輸する場合の費用負担のメリットは、ただ輸送費が安いというだけでなく、ケニアでは労働コストが安いという点にある。アイフェルでの暖房費は赤道下での暖房費と相当違うことや、ケニアの水資源がただで利用できる機会があるということは、同じく航空燃料よりも重要な誘因となっている。

自然を保護する

この利用の対価はとりわけ、南の国における地球環境対策のための融資を行なう新たな機会を形成する。私はこのような利用対価は、その手法が明確な使用目的でもって——たとえば気候保護、洪水防止、植林事業もしくは絶滅種の保護といった用途に——利用されるならば、さらにそれが空港保全使用料よりも低く抑えられるのであれば、広く受け入れられるものであると考えたい。

航空燃料への課税免除を廃止せよという要求は、ときには「ならば金持ちだけが飛行機に乗れるのか」という誤ったとらえ方を招くことがある。多くの市民の目には、この「追徴」課税はとどのつまり、飛行機に乗る回数を減らせという要求のように映る。別の結論は考えにくいようである。しかしこれは利用対価に関するきっちりとした納得のゆく使用目的があれば変わるだろう。事実多くの人々、飛行機を使う旅行者の多くが、グローバルな正義や自然保護への貢献をしたいと思っているからである。

そのうえ、ときには彼らはそれを立証することもある。あるドイツのチャーター飛行機会社が何年も前に、休暇旅行中の乗客たちを招集して、彼らが捨てたゴミを集めてモルディブから持ち帰るよう指示し、ゴミ袋を手渡したとき、その旅行者たちは圧倒的多数でそれを受け入れた。サンゴ礁を保護することの必要性は、率直に納得できるものだったからだ。このアクションは、しかしその後中止に追い込まれた。ドイツへのゴミの「持ち込み」がドイツ政府当局によって差し止められたからである。しかしこのモルディブの休暇旅行者が受け入れたという事例は、利用対価の考え方にまさに直結している。

先進社会とは、持続可能な社会のことである

二〇〇二年ヨハネスブルクでの持続可能な開発に関する地球サミットは、根づかさねばならず、予防原則を貫徹させねばならない。参加国はたとえば、再生可能エネルギーをいついつまでにある一定

アイフェル（Eifel）：アイフェル山地。ドイツ中西部、ベルギーおよびルクセンブルクとの国境を跨《また》ぎ、ライン川とモーゼル川が交錯《こうさく》する地にあり、標高六〇〇〜七〇〇メートルの山々が連なる。付近にはアーヘン（Aachen）およびトリーア（Trier）といった世界遺産で知られる都市がある。

のシェアに到達させる、といった国家目標を設定すべきである。その際に重要なのは、すべての参加国が個々に達成可能な、ただし需要に見合った年次達成率を示すことである。さらにすべての参加国は、それぞれの拘束力をもつ目標を設定する代わりに、国際的に拘束力をもつ確固たる目標の達成をめざすべきである。

西側および東側の先進工業国または中規模工業国にとって必要なのは、原子力エネルギーと化石燃料エネルギーを段階的に再生可能エネルギーに転換することであり、資源効率を促進させることである。南の国に必要なのは、最初から再生可能エネルギーおよびエネルギー効率を推進することであり、北の国の誤った開発を模倣しないようにすることである。

グローバルな正義についてようやく語れるようになるのは、北と南の国々に住む人々の平均寿命が等しくなり、教育制度あるいは法的制度が同等にまで発展し、貧者も富者も、女性も男性も、田舎の住民も都会の住民も、ともにその私的生活を築くための選択機会が開かれるようになった時点からである。

ヨハネスブルクでは決定的な目標を制定することができるだろう。すなわち地球規模で相互比較が可能な、エコロジーの観点から支持できる、しかも北の国と南の国が妥協できる一人当たりの資源消費量を割り出すことである。ただそれだけがグローバルな正義である、といえるだろう。

第3章

グローバルな正義——達成可能なヴィジョン

おそらく二〇五〇年には、約九五億の人々が地球上に暮らしていることになる。人々は皆、少なくとも、一九七〇年代の欧州並みの豊かさのレベルで暮らしていることになるが、これはエコロジーおよび公正の観点からの諸改革が同時に行なわれることによってのみ可能である。これらの諸改革は、地球規模で影響を及ぼし、北の国々はその先導的な役割を果たすことを求められている。

これまで、経済、交通、環境、エネルギーについて論じる政治家は、改革の提案を行なう際には、改革のコンセプトが、少なくとも長期的に国民経済の成長を促《うなが》すことを証明する必要があった。ましてや経済成長を妨げることは許されない。そこでは環境保護でも雇用でもなく、経済成長に最も高い優先順位が置かれている。この改革のための手段は公式にはまったく存在せず、言葉の誇張すらまったく存在しないにもかかわらず、すべての決定事項が事実、自然な経済成長に適合するかどうかという評価の下に置かれている。ただしこの評価は、当該年の直接的な経済成長の成果しか考慮しない。

これは、エコロジーまたは公正の観点で厄介《やっかい》な問題である。だからこそ、われわれは方向転換をせねばならない。すなわち経済、交通、建設、エネルギーを論じる政治家は、彼らが提示する諸々のコンセプトが、将来的に地球規模での自然の生存基盤の維持に貢献するか、それを少なくとも危険にさらすことがないかどうかを証明せねばならなくなるだろう。交通や建設、農業、経済政策における最も重要な目的は、省エネ型のライフスタイルを促進することでなければならない。それゆえ、赤―緑政権の数年間において、私たちは環境アセスメントを拡張した。欧州では、それがプロジェクトを網羅するだけでなく、将来的にもまた諸々の計画やプログラムにおいて、一定の役割を担うようになるだろう。

エイモリー・ロビンズと、ペーター・ヘニッケの計算によれば、毎年、地球規模で約二%の効率改善が行なわれたならば、すべての人々がエコロジー的に受容可能な豊かさを実現できるだろうということである。このヴィジョンは、代案なき現実の政治が描くものよりもずっと現実にかなっている。

エコロジー的に受容可能な豊かさを備えた、具体的な理想社会がすべての人々によって実現されるには、可能な限り資源の投入を抑え、それらを効率よく利用しなければならない。さらなる豊かさの達成には、必ずしも成長は必要ではない。また成長すること自体、ロビンズとヘニッケが数多くの具体的な事例で証明したように、資源消費の拡大を必要とはしない。驚かされるのは、ロビンズとヘニッケが『ファクター4』のシナリオにおいて、人間の偏向を算入していることである。そのシナリオは、善良な人間を前提とはしていないのである。

ドイツだけをみても、毎年二〇〇万キロワット/時が、テレビやオーディオ機器等のむだな待機電力として浪費されている。先の二人の学者は、それらの機器に向かって、リモコンでチャンネルを切り替えたり、音楽を切り替えたるために何度もボタンを押したりといった行為を人々に求めない。とりわけテレビやビデオレコーダー、CDやDVDプレイヤーの多くは、もうそうする必要はないのである。さらにロビンズとヘニッケは、スタンバイ回路のエネルギー消費量を二〇%削減する半導体がすでに開発されていることを指摘している。

経済成長の代替案とは、経済成長を切り下げることでも、断念することでもない。むしろ私たちは、経済成長と資源の浪費とを切り離さなければならない。そのためには、財政全体、経済全体に、エコロジーの基盤とエコロジーの座標軸が必要である。私たちは交通手段を必要不可欠なレベルにまで減らし、資源に配慮した暮らしを構築していかねばならない。

このような変化が地球規模で実現するために、私たちはまず、資源を最大に消費しているところ、同時に経済転換のための資金と知識が容易に得られるところから、方向転換を始めなければならない。つまり、誤った発展を遂げた北の国の社会からである。正義と持続可能性に向けた地球規模での転換が、そこから始められねばならない。地球規模での新たな方向転換は可能である。

私は、エネルギー、交通、農業、森林保全、この四つの分野において、このことを明らかにしたい。

グローバルな挑戦課題としての北におけるエネルギー転換

ゴスラーが北海沿岸の町になってしまうまでには、幸い、まだいくばくかの時間の猶予が残されている。しかし用心に備えて、すでに今日、ドイツの北海沿岸に沿って築かれている堤防が五〇センチ上積みされている。というのも、気候変動がすでに始まっていることは確実であるからだ。問題はもはや、気候変動が「起きるかどうか」ではなく、「どれくらい強度の気候変動が現われるか」である。

大気中に含まれる二酸化炭素の割合は一七五〇年比で約三分の一、二八〇ｐｐｍから三六〇ｐｐｍへと増加した。それと同時に、すべての温室効果ガスのうち主要なものについては、過去約二千万年間で、最も高いレベルに達している。さらにこの約二十年間、その増加率は毎年一・五ｐｐｍほどに達している。これほどの増加速度は、少なくとも最近の二万年の間に前例がない。

こうした現象の最も重要な原因は、二酸化炭素を放出する石油、石炭、ガスといった化石燃料の使用である。人類、とりわけ地球上の上層階級が現在、地球がその生産に五〇〇万年を要する量を、一年で燃やしている。

石炭や石油、天然ガスやウランの埋蔵量には限りがある。二〇五〇年もしくは二〇七〇年にこれらの資源が使い果たされてしまうかどうかということは、重要な問題ではない。なぜなら埋蔵量だけでなく、廃棄物もまた、原子力ないしは化石燃料エネルギーに依存するライフスタイルがもつアキレス腱《けん》だからである。この間に製造された核廃棄物は、将来世代に対して、プルトニウムやその他の毒物に関する、有無を言わさず取り消しできないほどの責任を負わせている。つまり後の世代の人々は、われわれの浪費の尻拭いをせねばならない。二酸化炭素の排出は、家屋の屋根の部分、すなわち地球の大気を破壊する。この化石燃料や原子力エネルギーの生産こそが、世界の地域間の、また今日生きている人々と彼らの子孫との間の不公正の主たる原因なのである。

地球全体の平均気温が、一・四～五・八度上昇すると、海水面はかなり上昇し、気候帯も塗り替えられてしまう。さらに、サヘル地帯は人を寄せつけない荒涼とした地域となり、乾燥地帯は、地中海

ゴスラー（Gothlar）：ドイツ中部のハルツ山麓《さんろく》の古都で、銀山と、神聖ローマ皇帝の居留地《きょりゅうち》として中世に繁栄した町。人口約五万ほど。黒い屋根と木組みの家々が並ぶ街並みは、世界遺産にも指定されている。

圏北部にまで至るだろう。こうした気候変動は、モーリタニア、エチオピア、バングラディシュといった最も貧しい国々の多くに打撃を与える。それに伴い、環境難民の数は急激に上昇し、さまざまな地域で居住可能な土地をめぐる戦争がひき起こされかねない。欧州では気候があたたかくなり、多雨になるだろう。マラリアが中央ヨーロッパにまで拡大するやもしれない。またメキシコ湾流が気候調整機能を保ち続けられるのかどうか、それを今日知る手立てはない。

北の国におけるエネルギー経済の再構築は、気候変動を抑え、南の国の人々に発展の余地を作り出すためにも必要である。エネルギー消費は世界的に上昇するだろう、というのも、世界の人口が増加し、また南のより多くの人々が豊かさを享受することになるからである。地球規模で、より多くの光と熱が、そしてコンピューターやテレビ、冷蔵庫が必要とされるだろう。それゆえ個々の機器は、将来、現在必要とされるエネルギーのほんの一部のみを使うこととしかできなくなる。われわれは、研究し、実験し、一連のより効率の良い機器を生産するようインセンティブを作り出さねばならない。地球規模のエネルギー転換が必要なのである。

ドイツの赤―緑政権は、この三年間、根本的に新しいエネルギー供給に向けて、多くを石油輸入に依存しない、エネルギー・ミックスによる路線を定めた。我々は、経済成長とエネルギー消費との連結を解き、二酸化炭素の排出量削減を達成した。それゆえエネルギー転換は、大きな工業国においても、さまざまな手法を用いてそれぞれの効果を互いに強めるよう相互に調整することで可能になるのである。

こうしたエネルギー転換は、三つの柱に基づいている、すなわち、脱原発、再生可能エネルギーの構築、エネルギーの使用及び転換時の効率、の三本柱である。

今日人類はいかにエネルギー需要をカバーしているか?

現在、世界中の供給エネルギーのうち八〇%は化石燃料エネルギーに由来しており、六%は原子力、一四%が再生可能エネルギーである。再生可能エネルギーの大部分は、水力発電と炊事用の非効率な薪《まき》の燃焼によるものである。これは南の国々の農村地域、つまり人類の三分の二にとって、エネルギー源の唯一の供給手段である。

国際エネルギー機関(IEA)の予測によれば、世界全体のエネルギー消費は、一九九七年から二〇二〇年までに、五七%上昇するだろうということである。これは化石燃料エネルギー源が八〇%を占める場合、気候や人間、環境が大惨事にみまわれることを意味する。

電力の生産は現在、世界全体では水力一九%、原子力一八%、さらに約六〇%が、石油や天然ガスといった化石燃料エネルギーの燃焼によるものである。原子力発電は、多くの工業国や開発途上国でそのベース電力の一部を担っている。石炭も、ベース電力部分をまかなうために燃やされている。石炭火力発電は、電力が必要な場合に出力をピークにもっていくのに大変時間がかかる。それに対して柔軟で効率がよく、二酸化炭素の排出が少ないのは天然ガス発電、また柔軟で効率がよく、**カーボン**

国際エネルギー機関(International Energy Agency/IEA):第一次石油危機後の一九七四年に、OECDの所属機関として設立された。事務局所在地はパリ。IEAの目的は、加盟国において石油を中心としたエネルギーの安全保障を確立するとともに、中長期的に安定的なエネルギー需給構造を確立すること。

ニュートラルであるのはバイオガス発電である。

ドイツはこの三年半の間、方針を適切に定めれば、比較的短い時間でエネルギー転換が可能であることを実証してきた。

そのうち最も大きいのは、効率化技術により、原子力や化石燃料エネルギーが生み出す廃棄物を抑制する潜在能力である。その技術にインセンティブを与えるために、われわれはエネルギーを希少で、価値の高い、高価な製品にする必要がある。すなわち私たちは、単に浪費につながるだけの無意味な電力の過剰生産をやめなければならない。というのも、電力の過剰生産は、とりわけベース電力としての長所のみを持つ原発は、諸悪の主たる要因だからである。

原子力で気候を保護？

英国の科学者**ジェームス・ラブロック**は、地球を生命ある有機体ととらえるガイア理論の創設者だが、温室効果がもたらす大惨事を防ぐため、核エネルギーの配備に賛成の意見を述べている。ラブロックは、気候変動という小難をとり除き、原子力という大難を招こうとしている。ラブロックの命題は、まさに気候保護と正反対の結果に行き着く。なぜなら彼は、両方の難事が互いにうまく調整でき、可能な場合は互いに協力可能であると洞察しているからだ。

別の観点からみれば、脱・核エネルギーは効果的な気候変動政策にとって、必要不可欠な条件である。ラブロックのように、エネルギー政策をエネルギー源の選択問題に還元する人々は、一種の「理論的論証」のレベルでやりとりするだろう。たとえば、ドイツの褐炭《かったん》業界の主張や、アメリカのチェイニー副大統領が、アメリカではエネルギー危機は、安いエネルギーの提供が不十分であったことの結果だ、と主張するのと同様に。しかし正しいのはその反対、すなわちアメリカのエネルギー危機は、一年中ひっきりなしに安いエネルギーを過剰供給した結果、引き起こされたのである。

脱原発が必要な理由はたくさんある。すなわち世界中のウランは、二酸化炭素が大気にとどまるように、まったくもって長くは持たない。つまりラブロックの視点は、この理由からも持続可能性が低い。

ベース電力：電力需要の少ない夜間でも使用される一定の電力のことを指す。電気の使用量は季節や昼夜によって異なるため、電力会社は電力需要の変化に応じて水力・火力発電所からの電力供給量を調整しているが、このベース電力については、主に原子力発電所から供給されている。

カーボンニュートラル（carbon neutral）：二酸化炭素の増減に影響を与えない性質のこと。植物は燃やすと二酸化炭素を排出するが、成長過程で光合成によって大気中から吸収した二酸化炭素を発生しているのであり、ライフサイクルで見ると大気中の二酸化炭素を増加させることにはならない、という炭素循環の考え方によ
る。

ジェームズ・ラブロック（James Loverock）：生物物理学者。NASAでの活動中、ガイア理論を提唱。「地球とは自己調整機能により快適環境を維持している生命体である」と論じる。一九五七年、大気中をはじめ地球上に存在する微量物質を高感度で分析できる電子捕獲型（ECD）ガスクロマトグラフィーの開発に成功し、DDTやPCBやフロンガスが地球規模で広がっていることを明らかにした。レーチェル・カーソンの『沈黙の春』（一九六二年）に客観的データを提供して環境保護運動が強まるきっかけを与えた。著書（邦訳書）に、『ガイアの時代』（工作舎）、『地球生命圏』（工作舎）、『ガイア　地球は生きている』（産調出版）など。

い。そのウラン採掘は、多くの国々において生態系に大惨事をもたらし、坑夫《こうふ》や付近住民の健康を蝕《むしば》んでいる。原子力発電所の操業に伴うリスクは、はかりしれない。今の世代の人間が、自分の子供たちや孫たちに放射性核廃棄物を遺産として背負わせるということは、スキャンダルな行為だ。さらに9・11以来、きわめて重要になった議論がある。すなわち原子力発電所はグローバルに行動するテロリストの潜在的ターゲットであるということだ。

このように、すでに原子力に未来はない。そのうえ気候保護という理由からも原子力に未来はないといえる。当のアメリカが、世界中の原子力発電所の優に四分の一を稼働させているということは、逆説にみえる事態である。アメリカは、しかしながら先進工業国の温室効果ガスの四分の一以上を排出している――これは一人当たりでは、EU市民の二倍以上に相当する量である。アメリカで、こうしたことが同時に発生している状況は、損害賠償を求めて提訴する要件として、おそらく十分だろう――もっともこれらを確証する因果関係は、まだ明らかにされていないが。

アメリカは世界の四分の一に相当する原子力発電所を操業しているので、温室効果ガスの排出量が削減されているだろうと考えている人は、思い違いをしている。アメリカが多くの温室効果ガスを排出している理由は、アメリカがとりわけ非常に多くの原子力を利用していることによるものである。つまりそこでは省エネのインセンティブがまったく見受けられない。モノが大量に消費される結果、それを超える量のモノが生産されている。

原子力を用いた気候政策の問題性は、「ベース電力」という悪意なき言葉の陰に身を隠してしまう。原子力発電所は、とにもかくにも推進することも廃止することもできない。なぜなら目下、多かれ少なかれエネルギーが必要であるからだ。昼となく夜となく、原子力発電所は継続的に同じ電力量を生産している。「ベース電力」というものは、ともかく電力消費が少ない時間帯にも売りたい製品なのである。この電力消費が少ない時間帯の電力購入を促すために、いわゆる夜間電力の購入割引が行なわれる。それゆえ、高価なエネルギー源である電力が、しばしば単純な熱生産のために無駄遣いされるのである。アメリカでは、留守中であっても、電灯や家電製品のスイッチを切らない習慣がまだ残っている。あるいは、もし安価な電気でエアコンを使い、部屋を適温に保つことができるとしたら、どうして外壁面の薄い硬質繊維ボードと石膏《せっこう》紙ボードとの間の空間を、断熱材で埋めねばならないのだろうか？

あらゆる供給を生み出すのは、需要である。このことは原子力発電にもあてはまる。フランスでは、原子力の割合が高いという背景があるが、一人当たりの電力消費量がドイツに比べ約三〇％高い。アメリカで浸透しているライフスタイルは、電力消費が拡張的で、ガソリン消費や建物の断熱、産業活動に関してきまりの悪いほどエネルギー効率が低いことに象徴される。

われわれの電力網全体のインフラは、今のところまだベース電力のもつ技術的な限界に対応できている。ただ、最大の難問のひとつは、洋上ウインドパークのプランナーが直面しているものであるが、送電網の許容量をめぐって競合する原子力発電所が、柔軟な送電網の配備を妨げているという事実である。というのも、原子力発電所は（技術上一定量の電力供給しか行えないため）風力発電施設からの供給量の変動に臨機応変に対応できないからである。つまり原発は、まったくもって実際に再生可能エネルギーの構築を妨げていることになる。

持続可能な電力網においては、原発によるベース電力の代わりに、需要に応じた電力生産と送電網配備が求められる。そのための最良の発電所とは、すばやく電力量の負荷を変えることができる発電所である。この要求を満たすことができるのは、たとえば天然ガスを利用した最新鋭のガスおよび水蒸気発電である。またバイオマス発電も、生産したエネルギーを必要に応じて調整することができる。これらは分散型システムにおいて非常にうまく機能する。そこでは小規模な熱電併給発電と燃料電池によって――いわゆる仮想大規模発電所の中で――生産と消費が同時に行なわれる。

だが重要なことは、再生可能エネルギーの構築だけではない。エネルギー効率の向上も重要である。合理的なエネルギー利用は、目下、気候保護および資源保護についてはるかに大きな可能性を秘めている。

ドイツにおけるエネルギー転換は、最大規模の工業国においても、エネルギー転換が可能であることを実証している。私たちが適用した最も重要な方法は、すでに他の国々によって取り上げられていたもの、すなわちベルギーやスウェーデンが実施していた、原発の稼働期間に制限を設ける脱原発政策である。もっともこれらの国では、ドイツにおける三十二年の全運転期間に代わって、四十年間の運転年数が見積もられているが。さらにベルリンの連邦議会で二年前に可決された**再生可能エネルギー法**（EEG）は、すでにフランスからブラジルに至るまで、欧州内外の国々の一連の法律モデルとして役立っている。

エネルギー転換の具体的な形成：たとえばドイツの場合

地球全体の平均気温が、産業革命以前の時代に比べて二度以上上昇することは、人類にとって、とにかく避けなければならない大きな脅威である。それゆえ科学者たちは、工業国に対してCO_2の排出量を二〇五〇年までに一九九〇年比の八〇％削減するよう求めている。EUは気候保護の先駆者として、二〇一二年までに八％削減の義務を負っている。二〇五〇年に向けて求められている目標値を達成するためには、EUは二〇二〇年までにCO_2排出量をさらに二〇％以上減らさなければならない。

気候保護の先駆者

ドイツ政府は、二〇〇八年十二月までに、六種類の最も重要な温室効果ガスの排出量を二一％削減することを約束している（一九九〇年比で）。これはすべての先進諸国の中でも最も野心的な比率である。二〇〇〇年までにドイツはすでに一八・四％のCO_2削減を達成している。これは、ほぼ一億九〇〇〇万トン分の二酸化炭素に相当する。

この達成された削減量の一部は、たまたまドイツ再統一と時期が重なったことにより、労せずしてドイツの成果となった、と指摘する人々もいる。この指摘を、ほかでもないドイツの東地域の人々は皮肉に感じている。もちろん、デッサウ近郊の**フォッケローデ**にあった古い褐炭《かったん》発電所の操業停止に

再生可能エネルギー法（EEG）：二〇〇〇年四月に施行。送電事業者に供給される再生可能エネルギーを固定価格で買い上げることを義務づけたもの。買取りは二十年間保証される。これが功を奏し、とりわけドイツ国内の風力発電量が飛躍的に増加した。

よるちょうど一二％の効率改善によって、気候のバランスシートは改善された。しかし、公正な財政上のゼロ金利政策のために、いわゆる「**壁の崩壊による利益**」は支出されなかった。その利益はまずは失業者対策、さらには解消できない国の借金の清算のために使われた。

ドイツの赤―緑政権は、一九九九年に包括的な気候保護プログラムをうちだした。それは前政権の野心的な約束を、具体的で確固たる基準で根拠づけたものである。すなわちそれはまず、さまざまな領域――エネルギー政策、交通政策、そして家計に対する野心的な目標を設定した。

こうした領域ごとの目標を用い、私たちはまずここ数年の間に明らかになりつつある問題の解決に取り組もうとした。確かに産業部門のCO_2排出量は明確に減った。気候保護に関するドイツ産業界の自主遵守義務が、プラスの影響を与えたためである。しかし運輸部門からの排出量は一九九〇年より約一〇％増加し、一般家庭部門では一九九〇年に比べ七％増加している。

ここで赤―緑政権は、この趨勢《すうせい》を転換しようとし始めた。エコロジーな税制改革は、運輸部門と一般家庭部門に影響を与えた。運輸部門の排出量は、赤―緑政権の下で、一九九〇年比で約二％減った。

さらに注目すべき結果は、一般家庭部門での省エネの成果である。エネルギー消費量が二〇〇一年には一九九九年に比べ、一一・五％下回ったのである。これは環境税とならんで建築物の断熱化促進プログラムの成果である。

風力発電――世界チャンピオン

赤―緑連合が一九九八年十月に政権を握った際、まさに出来たばかりのソーラー企業がドイツから国外移転しようとしていた。その後ドイツでは四社目の新しいソーラー企業が、**ハーメルン**に設立された。**エネルコン社**およびエネルコン社社長のアロイズ・ヴォッベン——彼は数年前にはまだアウリッヒ市出身の小心者として笑い者にされていた——は、いまや**マグデブルク**で最大の商工業界の雇用元である。この十年前まで、けっして中堅企業ともいえなかった**東フリースラント地方**の小さな会社が、今では、一九の国々に営業所を持つまでになっている。二〇〇二年のハノーファー・メッセ、世界最大の産業博覧会では、エネルコン社の展示コーナーは、フランスのＥＤＦやＲＷＥのようなエネ

フォッケローデ（Vockerode）：ドイツ中東部、ザクセン＝アンハルト州の郊外にある小さな村。人口約一七〇〇人。

「壁の崩壊による利益（wallfall profits）」：京都議定書の温室効果ガス削減目標において、ドイツはＥＵ内で最大の一八％の削減義務目標を課せられたが、一九九〇年のドイツ統一により、幸運にも当時の東独側の経済不況による排出量の自然減少分約九％を目標に算入できたことを喩えて言われる言葉。

ハーメルン（Hameln）：ドイツ北部、ニーダーザクセン州の町。「ハーメルンの笛吹き男」で有名な歴史ある自治都市。人口約六万。

エネルコン社（Enercon GmbH）：一九八四年設立。ドイツ最大手の風力発電機メーカー。

マグデブルク（Magdeburg）：ドイツ北東部、エルベ川に面する、ザクセン＝アンハルト州の州都。人口約二三万。

東フリースラント地方（Ostfriesland）：北ドイツ北西部、ニーダーザクセン州の北海に面した地域。オランダ北部と国境を接している。

ＥＤＦ（Electricite de France）：フランス電力公社。発電電力量の八五％（三九五〇億キロワット／時）を原子力により発電しており、世界最大の原子力発電会社である。

ルギー関連の大企業と比べてもけっして見劣りしなかった。

今やドイツでは、一三万の人々がジョブ・マシーンである再生可能エネルギーの分野で働いている。この傾向は今も上昇中である。スイスの調査機関であるプログノス（PROGNOS）は、ある調査の中で以下の結論にたどり着いた。すなわちドイツにおいて、二〇二〇年までに四〇％のCO_2排出量削減が達成可能というだけでなく、さらに二〇万の新たな雇用創出が生み出されるという結論である。

私たちは再生可能エネルギーと効率的なエネルギー利用の分野において新しい製品生産部門を構築し、それらは国の内外でつねに人気を博している。新たな輸出機会は、将来にわたって確実な雇用を保証するのである。

ABBマンハイムは、ちょうどカナダで一〇億ユーロの価格で、北アメリカ最大のウインドパークを受注した。カリフォルニア州は、効率九〇％のガス発電施設をドイツから輸入している。ドイツのソーラー企業は海外で評判がよく、太陽光発電においてはとりわけ**パワーコンディショナー**や電気設備機材の分野で、また太陽熱利用においては、とりわけ熱エネルギーの貯蔵技術や電熱制御工学の分野で、競争力で一歩先んじている。ドイツの気候保護政策、エネルギー政策のこうした先駆的な役割は経済的にも有益なのである。

私たちはこの三年半の間に、風力発電の発電量を三倍に増やすことに成功した。今日、世界中の風力発電による電力生産量の三分の一が、ドイツで生み出されているのである。

ヘルムート・コールは旧東独地域に住む人々に、「地域復興」を約束した。私たちはその言葉を鵜呑《うの》みにはしていない。しかし私は旧東独地域の復興が、環境やエネルギー分野で群を抜いて成功していることを非常に喜んでいる。メクレンブルク＝フォアポンメルン州やザクセン＝アンハルト州は、旧西ドイツ地域のシュレスヴィヒ＝ホルシュタイン州、ノルトライン＝ヴェストファーレン州といった諸州と、風力発電の最先端の地位をめぐって競い合っているのである。

風力エネルギーを通して、旧東独地域に新産業による雇用も生まれた。**ベスタス社**は、**ラウフハマー市**で風車の羽根を建造し、エネルコン社は、製造工場まるごと、マグデブルク市にある旧東独の機械製造コンビナートSKETの遺産を相続した。

RWE（Rheinisch-Westfälisches Elektrizitätswerk AG）：ライン＝ヴェストファリア電力会社。ドイツ国内で二番目の大手電力企業。本社はエッセン。

ABBマンハイム（ABB Mannheim）：大手国際動力機械メーカーのマンハイム支社。電気モーター、オートメーション機器、車両、発電所施設などの建造に当たっている。

パワーコンディショナー：インバーターなどの電子的な電力変換（直流→交流など）機器類と制御・保護系を一体構造のユニットとしたものを指す。

ヘルムート・コール（Helmut Kohl）：ドイツ統一時の連邦首相。CDU（キリスト教民主同盟）の政治家。一九八二年から一九九八年まで十七年間にわたり、首相を務めた。

ベスタス社（Vestas）：デンマークに拠点を置く、世界最大手の風力発電機メーカー。

ラウフハマー市（Lauchhammer）：ドイツの旧東独地域、ブランデンブルク州の最南端にある都市。人口約一万九〇〇〇人。大都市ドレスデンの北方約四〇キロに位置する。

二〇二五年までに全消費電力量に占める風力発電の割合、とりわけ洋上風力発電施設による電力量を、少なくとも二五％にあげねばならない。そのために私たちははじめて、新しい自然保護法によって、そのより確実な法的根拠を編み出した。つまり私たちはそれに再生可能エネルギー法（EEG）を適合させることになる——それは二〇〇六年以降も洋上発電部門への投資保証を与えるはずである。

十年前にはまだ、私たちが国会の一会期中にエネルギー供給を新しい座標体系に導くことを、この国のだれもが可能だと考えてはいなかった。脱原発、再生可能エネルギー法、**「一〇万戸の屋根」ソーラー発電計画**、バイオマス条例、そして環境税は、大きなダイナミズムを生み出した。私たちは二〇一〇年までに再生可能エネルギーの割合を二倍にするという目標を達成するだろう。二〇五〇年には、エネルギー需要の半分が再生可能エネルギー源でカバーされるに違いない。

決定的だったのは、二つの方向づけだ。すなわち脱原発、そして二年前の再生可能エネルギー法（EEG）の可決である。消費電力量の三〇％を原子力でカバーしているドイツのような国では、脱原発の最終決定は、エネルギー分野を新しい方向に転換させたい多くの人々にとって——すなわち大規模なエネルギー供給企業にとって、再生可能エネルギー分野の小さな会社にとって、建築家やエンジニア、不動産業者にとっては、決定的なシグナルとなった。

この再生可能エネルギー法は、この新たなエネルギー転換のための、不動の制約条件を整えた。「一〇万個の屋根」ソーラー発電計画は同時に直接ソーラー発電の需要を増やし、まさにその結果、ソーラー機器の生産拡大を呼び起こした。二〇〇一年ドイツでは、一九九八年の時点に比べ、すでに二倍の太陽熱集熱器が導入されている。そして太陽光発電も急速な上昇気流の渦中にある。太陽光発電は昨年、一九九八年の五倍以上もの導入が進んだ。

太陽光発電部門のためだけにケイ素生産を始めなければならないほど、欧州のケイ素（半導体の原料）市場は在庫切れしている。これまで太陽光発電には、高価な半導体のリサイクル製品だけが使われてきた。しかし今日必要とされているほど大規模な量は、それだけでは満たされない。そこでさらにソーラー部門専用のケイ素生産が行なわれれば、はるかにコストパフォーマンスが良くなるだろう。

成功は世界中に追随者を生み出す

四年間の政権担当期間に取り組んだドイツのエネルギー転換の成果から、私は地球規模でもエネルギー転換を実現することができると確信している。多くの国々が、ドイツの再生可能エネルギー法を模倣している。スペインは、すでに電力供給法を施行し、現時点で風力エネルギー利用の拡大に成功している。そしてまもなく太陽熱発電所で発電された電力に対する重点的な補償が始まる予定である。ブラジルでは、二〇〇二年四月、風力発電に対する新しい供給補償を定めた法律が施行され、

SKET（Schwermaschienen-Kombinat "Ernst Thälmann"）：旧東独地域にあった重機製造コンビナート。一九六九年稼動開始。ドイツ統一後、民営化され払い下げられた。

「一〇万戸の屋根」ソーラー発電計画：ドイツ政府による新規ソーラー発電事業者・個人に対する無利子または低金利での融資助成プログラム。目標の一〇万戸に到達したため、二〇〇三年六月終了。

一キロワット時当たり七・五セントが支払われている。インドとイタリアは、現在太陽熱発電所の公募を予定している。モロッコ、エジプト、キプロス、メキシコ、南アフリカ、サウジアラビアそしてヨルダンでも、設計策定が始まっている。これら全ての国々の年間日照時間は、二〇〇〇時間を越える。それゆえ、これらの国々では、太陽熱設備を最適な条件で利用することができる。また蓄電設備がなくても、私たちの風力発電設備と同様の発電能力を達成することができる。

大統領が原子力発電所に無益な投資を行なおうとしているアメリカでさえ、太陽熱に対しては大きな関心を寄せている。先日カリフォルニアでは、州議会が二〇〇二年の予算に太陽熱発電所の支援として一五〇〇万ドルを確保することを承認した。もはや個々の保守的な政治家たちは、時代の変化を阻止することはできない。アメリカにおいてさえ、たった二〇％のエネルギー効率しか持たない発電所は、改修するか、取り壊さなければならないという認識が浸透している。残りの八〇％がエネルギーの残滓《ざんし》を生産するために使われるということは、ただそれが時代遅れの技術であることを示しているにすぎないからである。

効率を上げる

厳密に考えると、エネルギーそのものは、生産や消費されているのではない。私たちは、エネルギーを利用できる形に転換しているだけである。私たちはとりわけ最終的な資源が利用される際に、これらの転換・利用プロセスを効率的に実行しなければならない。効率の秘策とは、石炭、石油、ガスといったエネルギー源から、できるだけ多くの電力や熱、冷熱といった利用可能なエネルギーを取り出すことである。エネルギー効率の向上は、気候保護や資源保護に対して極めて大きな可能性を秘めている。

エネルギー供給企業は、最大のエネルギー浪費者である。彼らは、エネルギーを効率的に転換していない。原子力発電所では、たとえば投入した一次エネルギーの約三分の一しか電力に転換されておらず、残りの三分の二のエネルギーは、排熱として大気や河川に放出されている。原子力発電所は、製品よりも多くの廃棄物を生産している。また石炭発電所は、世界中でさらに多くのエネルギーを浪費している。高い技術を持つ国家だと言われているアメリカでさえ、石炭発電所のエネルギー効率は二〇%に満たない。

また消費者も（しばしば）エネルギー浪費者である。テレビやビデオレコーダー、プリンター、コンピューター、ファックスの待機電力は、ドイツでは原子力発電所二基分の電力を消費している。十分に断熱されていない家では、部屋ではなく、庭や道路が暖められている。空調設備はアレルギーを引き起こし、非効率的に生産された電力によって、住居を暖め、冷やしている。太陽エネルギーのほうがより優れており、安価であるのに、私たちはなぜ電力を用いて暖めているのだろうか？

私たちは、転換から利用に至る全ての工程において、エネルギーの浪費を止めなければならない。企業も消費者も変わらなければならない。必要なものは、分散型で高い効率を伴った発電所である。エネルギー企業は、効率のよいガス蒸気タービン併用発電所やコジェネレーション施設を建設しなければならない。

生産過程は、エネルギー的に最善化されなければならない。省エネルギー型の機器は、市場でチャンスを獲得しなければならない。そしてエコロジー税制改革によって、省エネルギー型電化製品や省エネルギーランプ、効率的な暖房用ボイラー、建築物の断熱仕様の最善化といったものに投資を行なう人々すべてが報われるようになるのである。

これはけっしてユートピアではなく、まったくもって必要事項である。私たちは、二〇五〇年には、エネルギー源の半分が再生可能エネルギーになるよう努力しなければならない。そのためには北の国の電力や熱供給における早急なエネルギー転換が必要である。

北の国における明日のエネルギー供給像は？

ドイツでは、二〇二〇年以降、原子力発電所は操業されない。二〇一〇年から二〇二〇年にかけて、さらに多くの石炭発電所が老朽化のために閉鎖される。私たちは今、二〇二〇年のためのエネルギー供給計画を策定しなければならない。ここで風車、ソーラーパネル、バイオマス施設などの再生可能エネルギーの拡大の必要性が見えてくる。

赤―緑政権によって二〇〇〇年に承認された、再生可能エネルギーを供給するための法律は、再生可能エネルギーの供給に対する補償と優先権を定めている。控えめに見積もったとしても、この法律によって、二〇二〇年までに再生可能エネルギーのシェアは二〇％、もしくはさらに増大するだろう。言い換えれば、残りの七五％の電力は、基本的に化石燃料によって産出しなければならない。その時までに、既存の発電所にコジェネレーション施設を配備することや、石炭発電所をガス・蒸気タービン併用発電所に置き換えることにより、私たちが必要とする化石燃料は、これまでよりも大幅に少なくなるだろう。天然ガスは化石燃料の中で、これまでよりも重要な役割を果たすことになるだろう。

再生可能エネルギーの中では、風力がより大きな貢献を果たすだろう。現在、風力エネルギーの割合は、再生可能エネルギーの中で三五％を占めている。私たちはとくに、北海、バルト海洋上における風力エネルギー利用の拡大を目指しており、二〇二〇年には、再生可能エネルギーにおける風力エネルギーのシェアを四五％にまで高めることができるだろう。二番目にはバイオマスがくるだろう。再生可能エネルギーに占めるバイオマスのシェアは、バイオマス政令により現在の四％から二六％に高められるだろう。水力は、三番目に順位を落とす。水力の発電量は少し増加するものの、現在、再生可能エネルギーの六〇％以上を占めているところが、二一％に下がるだろう。太陽光発電のシェアは、現在の〇・二％から三・四％に上昇するだろう。

さらに三十年後の二〇五〇年には、再生可能エネルギーによって総電力の六五％が生産されるはずである。残りの三五％は、効率の良い化石燃料による発電施設で生産される。再生可能エネルギーの中では、各々のエネルギー源の割合が大幅に変化する。さらに多くの風力発電施設が建設され、再生可能エネルギーにより生産される電力の約三分の一を供給するようになるだろう。洋上風力発電は、内陸部よりも大幅に増加する。五十年経てば太陽光発電はようやく進化し、一一％のシェアを占めるようになるだろう。バイオマスは一三％になり、水力と地熱は七～九％のシェアになるだろう。

再生可能エネルギーによって、私たちはエネルギーの輸入依存体質から脱却できる。今日では、エネルギー供給の安全保障は、電力の輸入から完全に脱却することと同一視されている。私たちが原子力エネルギーから撤退すると、フランスだけでなく、東欧諸国の原子力発電所からの電力輸入に依存する可能性があることが指摘されているが、ここで人々は二つのことを忘れている。ドイツは、今日、国内需要よりも多くの電力を生産しており、さらに電力輸出を行なっているということを。それにもかかわらず、私たちはエネルギー輸入に依存している。つまり私たちは電力を輸入しているのではなく、電力を生産するために、石炭、石油、ウラン、ガスを輸入しているのだ。

私たちは、この古き科学技術に依存しつつ、エネルギー供給の安全保障が引き合いに出されたならば、反論すべきである。たとえば、サハラ砂漠の太陽熱発電所からの電力輸入の割合が、エネルギーの七〇%を輸入に依存している現状に迫ることは、決してないだろう。この種の輸入は、石油や石炭の輸入と比較して、地球温暖化に加担せず、むしろ世界の貧困撲滅《ぼくめつ》に貢献するのである。

熱利用の分野で再生可能エネルギーが利用されるまでには、電力利用の分野よりも少し時間が掛かるだろう。私は、ドイツでは二〇二〇年までに一二%が再生可能エネルギーで供給されるようになると期待している。このうちバイオマスが四分の三を占め、太陽熱集熱機が四分の一を占めるだろう。取り組みが始まったばかりの地熱は、数年内に同様の貢献をするようになるだろう。

私たちは、正しい道を歩んでいる。私たちはエネルギーの損失を減らし、断熱材の導入を集中的に進めている。私たちはさらにソーラー設備を導入している。ドイツでは一九九〇年以降、太陽熱集熱機の導入面積が十四倍になった。現在、四三〇万平方メートルに及ぶ導入面積を、二〇一〇年までに一〇〇〇万平方メートルに増やすことも可能である。

住宅は平均して五十年毎に基本改修される。それゆえ、これまでの基準から三〇%のエネルギー需要を削減することを要求する省エネ政令が、私たちのエネルギー転換の重要動機となっている。現在、誤った、非エコロジー的に改修されている各建築物は、今後五十年間はエネルギーを浪費することになる。それゆえドイツ政府は、二〇〇一年から二〇〇五年までに、古い建築物の断熱改修と暖房改善に対して一〇億ユーロのお金を補助金として用意している。

二〇二〇年には、約七五％の熱が化石燃料で供給され、そのうち三分の一が遠距離および近距離熱供給によって供給されるだろう。熱は、二〇二〇年から二〇五〇年の期間に、現在の電力生産量とほぼ同様の割合で生産されるだろう。これは、旧来の暖房を必要としない低エネルギーもしくはゼロエネルギーハウスの促進や、ヒートポンプによる効率的なガスの利用など、建築分野における効率改善の成果による。

二〇五〇年には、熱利用の半分を再生可能エネルギーで供給することになるだろう。太陽熱が、バイオマスに続いて、電力の大部分を供給することになる。さらに二〇％弱を地熱が供給することも可能である。ただし熱利用の四〇％弱の供給には、化石燃料が必要になるだろう。

北の国の未来への夢：仮想発電所

長期的には、水素と再生可能エネルギーは、太陽水素経済を創造することができるだろう。水素は、数多くの利益を提供する。たとえば水素は、温室効果ガスを排出せずにエネルギー転換ができる。水素は、再生可能エネルギーにまつわる蓄電の問題を解決する。また水素は、多方面で実用的に利用できる。再生産された水素は、燃料電池と同様に高効率の未来の科学技術の基礎となる。水素技術をコジェネレーションと併用することにより、エネルギー効率を九〇％以上に高めることが可能となる。

これを自動車に応用する際には、くり返し期待されてきたが、これまで開発されていない、「ゼロエミッション車」の技術的な前提条件にもなる。

しかし太陽水素経済を実現するまでには、私たちはまだ遠い道のりを歩まなければならない。太陽水素は高価で、必要な生産基盤も整っておらず、技術力もこれまで十分とはいえなかった。太陽水素はそれ自体、遠い未来のエネルギーシステムの一部に留まっている。

再生産されたエネルギーの大部分は、長期的に直接利用され、また熱や電力として電力網へ直接供給されるだろう。さらにバイオマスは、燃料需要の相当量を供給することになるだろう。

水素経済への橋渡しを行なう技術には、燃料電池が有効である。ドイツ政府の新しいコジェネレーション法では、燃料電池の市場への導入を促進しており、この燃料電池により生産された電力を公共の電力網に供給すると、十年間にわたって、（一キロワット当たり）五セントの買い取り価格が保障される。

しかし気候変動は、太陽エネルギーで蓄電された燃料電池市場の成熟を待ってはくれない。それゆえまず、天然ガスをベースにした燃料電池市場が導入されるだろう。天然ガスは、太陽水素経済への移行に戦略的に重要な意味を持つ。たとえ当分の間不合理なことが生じたとしても。つまり天然ガスの生産基盤なしには、私たちは水素経済への移行を達成できないのである。

建築物は、燃料電池と小型コジェネレーション設備の力を借りて、エネルギーの破壊者からエネルギーの生産者へと転身することができる。これによって、主にこれまで単に消費者であった多数の小規模エネルギー提供者が互いにネットワークし、余剰分を電力網に供給する「仮想上の発電所」が実現する。

再生可能エネルギーをベースにした分散型エネルギー供給という考え方が市場で早く浸透すればするほど、私たちは、古い大型発電所におけるエネルギー生産をそれだけ早く減らすことができる。

南の国に負担をかけるエネルギー構造

南の国々では、とくに、化石燃料や部分的に核燃料の消費が増加している。両燃料とも、新たなエネルギーへの依存や気候変動を推し進める。南の国々の発展や地球の気候保護を実現するには、分散型の再生可能エネルギーへの直接的なアプローチこそ、そのチャンスである。

エネルギーは、ほとんどすべての価値を創造するための基盤である。エネルギーへのアクセス、たとえば電気を手に入れることは、価値の創造自体を始められるかどうかを大きく左右するものとなる。したがって、国や家庭はどれくらいのお金や時間をエネルギーに費やさなければならないのかということは、本質的に、彼らに与えられる機会によって左右される。またもう一つの問題要因は、これらのエネルギーをどれくらい効率的に使用することができるのか、一定量のエネルギーからどれくらいの利益を取り出すことができるのかという点である。

世界中で二〇億人の人々が、電気のない生活をしている。この数は、現在の人口の三分の一にあた

ゼロエミッション車（zero-emission vehicle）：燃料電池車もしくは電気自動車のように、排物ガスをまったく出さず走行できる車のこと。大手各自動車メーカーが競って開発・販売を進めており、近未来の環境配慮型の自動車として量販化が期待されている。

る。電気のない生活の下では、人は情報や教育の機会、コミュニケーション手段、生産の可能性から徹底的に締め出される。貧困国の女性は、通常は日が暮れてからようやく「手が空く」ので、女性のための識字教室は、電気の下でのみ実施することができる。

南の国における発展の危機は、本質的にエネルギーの危機でもある。それゆえ私は、ヨハネスブルクでの地球サミットの議事テーマにエネルギー政策を入れるよう、強く働きかけた。

地球規模で行なわれている中央集中型の化石燃料および原子力に依存したエネルギー体制は、エコロジーの観点で問題があるだけではない。この体制は――少なくとも北の国々のように――裕福な暮らしを確立する代わりに、南の国の大部分の人々に貧困をもたらしている。

原料の獲得は、すでに存在する不公平を拡大する。とくにナミビアや南アフリカ、ガボンのような地雷が埋まっている地域におけるウランの採掘は、労働者たちの生命を危険にさらす。ウランの残土は、地域住民にとって危険である。採掘されたウランは一方で北の国、言い換えれば、地球上の上層階級の住む地域で使用されている。

原子力エネルギー生産の最終局面では、再び廃棄物――高い有害性のある核廃棄物や放射性有害物質――が発生する。旧ソビエト連邦における放射性廃棄物の取り扱いの現状は、原子力発電所を操業し放射性廃棄物を産出している、ずっと貧しく不安定な南の国々においても、同様の可能性があることを示している。このような状態にもかかわらず多くの国々で、そしてドイツ国内でも、放射性廃棄物を他国に輸出することによって、この問題を解決しようという声が上がっている。

化石燃料エネルギーの生産は、原子力経済と構造的によく似た結果を生み出している。石油とガスは、石油輸出国機構（ＯＰＥＣ）の加盟国やアメリカ、ノルウェー、ロシアなどで採掘されている。これは、それぞれの地域で異なる影響を及ぼしている。たとえばノルウェーは現在豊かな国であり、おおむねうまく運営されている。しかし一方で現在、国家の社会保障の不備をめぐる訴訟が存在する。ペルシア湾岸諸国では国家の生活水準は向上したが、一般の市民の生活水準は上昇していない。ナイジェリアでは、ほんの少数の上層階級が石油による富によって利益を得ている一方で、（先住民である）**オゴニ族**は、石油採掘のためにひどく苦しみ、悲惨な生活を送っている。つまりこの地域に定住する民族は、石油採掘により土地を追われるか、有害物質が土地に堆積されるため、しばしば自身のもつ自然の豊かさの犠牲者になっているのだ。カメルーンとチャドでは、石油の採掘を促進することによるメリットはまったく見えてこない。

グローバルな正義、見劣りしない生活水準、同程度の平均寿命や世代間の公正は、化石燃料や原子力に依存するエネルギー体制では、達成することはできない。

南の国で投資が好まれるエネルギー経済のグローバル・プレーヤーは、一極集中型の供給体制である。一〇〇〇メガワット以上の発電所が、市場を占有している。世界銀行は、一九九二年に**気候変動枠組条約**が採択されたにもかかわらず、今もなお、このようなプロジェクトを支援している。彼らは

オゴニ族：アフリカ最大の産油国ナイジェリアの少数民族。ナイジェリアの石油の多くは、オゴニ族が暮らすオゴニランドで採掘されており、この影響でオゴニ族は、酷い環境破壊や人権侵害に苦しめられている。一九九〇年代には、オゴニ族生存運動（ＭＯＳＯＰ）が活発に展開されたが、多くの運動指導者が軍事政権によって処刑されている。

依然として、外国の出資者や受託者を優遇している。これがまさに南の国における権力の集中化を促している。そのおかげで貧困国が利益を生み出す、つまり持続可能なエネルギーのアクティブな生産者としての役割を果たすことができず、その代わりに南の国は単なる原料の運び屋ないしは購買人になっているのである。

大規模な電力供給事業者は、大きな電力需要のある地域で稼いでいる。それゆえ彼らは人口密集地域に関心を持ち、人口の少ないところや辺鄙《へんぴ》な地域には関心を持たない。たとえばタンザニアでは、総電力生産量の九七％が都市部に供給されている。村落地域への供給網は存在していない。

一極集中型の供給体制では、田舎に供給網を拡張するために、とてもお金がかかる。都市部にのみ存在するエネルギー供給体制は、社会基盤を破壊する。エネルギーが人々の間に供給されないとき、人々はエネルギーを求めて移動することになる。中央高圧線から離れたところで暮らす人々は、電気が欲しいとき、自分たちの村、畑、そして人間関係から離れなければならない。とりわけ若い人々の都市部への移動は、その結果である。そしてそこに新たなスラム、新たな貧困が生み出される。

南の国の未来への夢：太陽光発電と太陽熱

再生可能エネルギーの拡大やエネルギー転換の際の効率、エネルギー利用における効率は、南の国における未来を見据えたエネルギー政策の中心概念でもある。原子力や化石燃料エネルギーは、人々を引き続きエネルギー依存体制に留まらせる。

南の国の都市部における電力料金を、電力網に全く接続されていない村に住む人々も負担している。というのも、電力生産のための石油やガスの輸入は、貧困国にはつねに高価なものであるからだ。他方、化学産業により一バレルの原油から、さらにはコンピューターを用いたサービス業によって多くの付加価値を生み出すことができるドイツのような国は、それらの売り上げの一部でさらに原油輸入代金を支払うことができる。

エネルギー効率がドイツよりもかなり低く、日常の消費生活のために多くの電力が消費されるところでは、外貨で支払われた高価な原油（その国が独自の製油所を所有している場合）からは、十分な利益を得ることができない。輸出による収益に対してエネルギー輸入のための支出は、つねに悪化の一途をたどっている。

グローバル・プレーヤーによって、グローバルな「**エネルギーの鎖**」（ヘルマン・シェア）につながれる代わりに、再生可能エネルギーによる分散型エネルギーを生産するならば、多くの南の国々には、未来への可能性と多くの利益がもたらされるだろう。今日、エネルギー輸入のために多くの外貨を投じている国々は、エネルギー輸出国になることができる。

広い土地と恵まれた気候は、ここドイツで夢を与えている風力エネルギーのためだけの条件ではな

（国連）気候変動枠組条約（ＵＮＦＣＣＣ）：大気中の温室効果ガスの濃度を安定化させることを目的とした国連条約。一九九二年にブラジルのリオ・デ・ジャネイロで開催された地球サミットにおいて採択され、一九九四年に発効した。

ヘルマン・シェア（Hermann Scheer）：ドイツ社会民主党（ＳＰＤ）のドイツ連邦議会議員。一九八八年に再生可能エネルギーを促進するＮＧＯ「ＥＵＲＯＳＯＬＡＲ」を設立。

い。そこには、太陽光発電や太陽熱利用においても理想的な条件が整っているのだ。

太陽の光に恵まれている地域は、たびたび砂漠化し、巨大な未利用の土地が存在している。これらの土地には、土地利用の際に発生する問題はない。たとえば太陽熱発電所に必要な土地は、水力発電所よりも大幅に少なくてすむ。北アフリカの大地は、再生可能エネルギーによって、世界中に電力を供給することが可能である。この電力は送電線を通じてヨーロッパに輸送することもできる。さらにこの電力は、電気分解によって水素を生産し、アフリカから世界中に輸出することもできるだろう。太陽熱はとりわけ、太陽の光が降り注ぐ、雨の少ない地域に利益をもたらす。太陽熱発電所からの廃熱は、海水の塩分を取り除くため、飲料水の確保につながる。

十五年以上前からカリフォルニアで商業的に成功し、利用されているパラボラトラフ技術を使えば、数年内に、キロワット当たり九〜一二セントで電力を生産できるようになるだろう。ここでは太陽光を利用して、放射状に曲げられた鏡の中で蒸気を発生させる。その後蒸気が吸収され、電力に転換される仕組みである。

ドイツ環境省は、とりわけソーラータワー発電所の作動方法の研究を促している。ここでは、ガス・蒸気タービン併用発電所で使用できるほどの非常に高い温度が発生する。私たちは徐々にこのモデルとなる発電所の建設を進めようとしている。

将来有望な第三の技術として、いわゆる**ソーラーディッシュ・システム**がある。これは、放射面鏡（パラボラ）に蓄電システムが組み合わされているものであり、太陽の放射に依存せずに電力を生産することができ、小さな太陽光発電所と比べて多くの電力を生産するものである。これにより、南の国にあるすべての村に電力を供給することできる。いやしくもこれらの村では、これまで非常に高価で気候にも有害なディーゼル発電機だけに電力供給を依存してきたのである。

太陽光や太陽熱による電力を大量生産することによって、それらの価格を下げるという、ドイツの赤―緑政権のエネルギー転換戦略は、アフリカやアジア、ラテンアメリカに対しても――アフリカの石炭や天然ガス発電所に対する、同盟国からの国家支援融資にもとづくあらゆる直接投資と比較しても――最終的にはより多くの利益をもらたす。

新しい交通手段

過去二年間における大気中のCO_2濃度は、過去の一万年間よりも急速に上昇した。世界中で現在、四億八〇〇〇万台の自動車が走っている。工業国のように、いたるところで多くの大人が自動車を所有するならば、その台数は二三億台になるであろう。しかしすでに現時点で、この地球の排気ガスの許容量は限界を越えている。

もし人々がバスや鉄道、自動車、自転車の中から交通手段を選択できず、自動車が唯一の手段である場合、交通手段はリスクを伴う。結局、豊かな国でさえ、誰もが自動車を所有できるわけではない。

ソーラーディッシュ・システム：太陽エネルギーを取り込むパラボラ式の発電システム。コストは太陽電池の四分の一程度で済み、直径二〇メートルの装置でおよそ五〇〇世帯の電力をまかなうことができる。オーストラリア国立大学のラブグローブ博士らが開発に携わったもの。

多くの自動車によって一層渋滞が発生する場合も、交通手段はリスクを伴う。たとえ渋滞に巻き込まれている間、空調設備の完璧なオフロード車に座っているとしても。また約束や仕事後の友人との集まりには間に合わない。交通手段は、新たな道路や飛行場の建設とは別の手段で形成され、保障されなければならない。

自動車であろうとなかろうと、交通手段は、どのように確保できるのだろうか？　ドライバー自身が公共交通を利用することに魅力を感じるような交通計画とは、どのようなものだろうか？　自動車産業と鉄道が、互いに持続可能な交通計画のパートナーとなるために、政治は今、どのようなインセンティブを与えなければならないのだろうか？

交通量は増加するだろう。一九九七年と比較して二〇一五年には、ドイツにおける旅客交通は二二％、業務用交通は六四％、航空交通は一一七％増加すると予想されている。

ドイツにおける交通転換のはじまり

ドイツ政府は、六つの重要な温室効果ガスの排出量を、二〇一二年までに二一％削減することを約束している。私たちは、この目標を達成することを固く決意している。しかし、この目標達成を妨げる最大の危機は、交通量の増大である。

それゆえドイツ政府は、環境に配慮した交通手段を促進し、気候に負担をかける交通手段に価格を上乗せしている。税制政策の中心は、エコロジー税制改革である。そのガソリン代価格への影響は、世界市場における原油価格の上昇によって、さらに大きなものとなった。さらに二〇〇三年以降、貨物トラックに対して**アウトバーン通行料**が導入された。私たちは、自動車の最大効率化と自動車に代わる手段の促進という二つの戦略を追求している。

二〇〇三年以降、ドイツ国内のすべての給油スタンドにおいて、脱硫黄のガソリンと軽油が導入されることにより、燃費の良い自動車の走行条件が改善されている。その結果、私たちはこの分野におけるヨーロッパ内の先駆者となった。これらの動力用燃料は環境負荷が少なく、さらに二〇~三〇％少ない燃費で動くエンジンの製造を可能にした。ガス業界、石油業界、さまざまな自動車企業や自動車工場と協力しながら、私達は天然ガス車と天然ガス給油スタンドを普及させてきた。天然ガスは、ガソリンや軽油よりも環境にやさしい燃料である。私たちが現在、天然ガスのために建設しているインフラ施設は、後に水素を再利用したエネルギーで動く自動車市場が成立したときにも利用できる。

ドイツの前政権は、一方的に道路建設に力を入れ、自動車交通を促進した。しかし赤—緑政権は、鉄道交通と水路の拡大のための財源を増やし、これによりエコロジーに配慮した交通手段は初めて道路建設と同等の助成を受けるようになった。地方の鉄道交通には、新しい**改正地域化法**に基づいて、

アウトバーン通行料金（制度）：これまでは無料であったアウトバーンの通行料が一二トン以上の貨物トラックに対して導入されたもの。当初は二〇〇三年に導入予定であったが、通行料課金システムの技術的トラブルにより、二〇〇五年にようやく導入された。

改正地域化法（Regionalisierungsgesetz）：近距離公共交通の地域化に関する法律。一九九四年施行。近距離公共交通を十分に確保することは必要な生活条件の一つであることが定義され、さらに近距離公共交通の充実を目的に、鉱油税による収入がドイツの各州政府に配分されることが定められた。

毎年多額のお金が連邦政府により投入されている。さらに初めて連邦政府による自転車交通計画が作成された。

長期的な目標は、職場と住居とを再び一カ所に集め、不要な交通をなくすことである。燃費に環境負荷が反映されれば、「短距離で移動できる町」が再びより魅力的になるであろう。このような町はベッドタウンや、夜には誰もくつろぐことができないショッピングモールよりも価値がある。

それゆえ新車にせよ中古車にせよ、ますます多くの人が、将来車をいっさい買わないと決めるだろう。彼らは場合によっては、カーシェアリングに関心を抱くであろう。

長年、近距離交通サービスが制限され、一方でまた銀行や郵便局、さまざまな店舗が閉店に追い込まれている人里離れた地域で暮らす人々には、状況はより困難である。新たに始まったエネルギー転換と農政転換は、ともに地域の経済循環を強化するものではあるが、この交通手段の転換を進めるプロセスを妨げることになるだろう。というのも、現在これらの地域の多くの家庭が日常生活を営むために、一家庭に二台の自動車が必要であることは、もはや選択の余地がないからである。

ニュータウンか都心か

交通は、移動したいという抑えがたい要求から生まれたものではない。交通は、私たちのライフスタイルの結果である。つまり交通は、私たちの働き方や暮らし方に左右される。一つの例としてニュータウンを挙げよう。ニュータウンは、車が多く存在するようになって以降に数多く作られている。さらに車の数の増加に伴って、ニュータウンも増加している。というのも都心部はすでに自動車ゾーンになってしまったからである。

以前は、人々は自分が働き、買い物をし、仲間との集まりに行く場所に人々は暮らしていた。現在も古い町並みが残る地域で見ることができる伝統的な建築法では、玄関や窓は街路に向けて取り付けられていた。いわば玄関は、路上の公共生活に向けて開かれていた。しかし時代の経過とともに、玄関は車の視線にさらされるようになる。前庭や街路樹は、車の視線から守る役割を果たさなかった。そこで緑の中の静かな空間に住居を持つことへの憧れが生じていった。

ニュータウンは、田園都市と一九二〇年代の入居者用住宅の要素を併せ持つものである。仕事と住居、余暇を分離することは、一九三〇年代に**アテネ憲章**によって初めて法的根拠が整えられた。この憲章は、当時の産業・工業地帯の悪臭や騒音を背景に、余暇を過ごす場所と職場とを分離することを求めたのである。

都心から離れた場所にあるニュータウンは、車の使用を前提としている。幹線道路から各方向に支線道路が枝上に伸び、さらにそこから袋小路が発生しており、各道路の沿線には、ガレージ付きの一世帯住宅がいたるところに建てられている。これらは大量の交通需要が発生していることを示している。大きな窓や開き窓は裏庭に向いて付けられており、道路から家を隔離している。人々は自らの静寂を望んでいるのだ。これは誰でも追体験できることである。

アテネ憲章：一九二八年、建築家ル・コルビジェの呼びかけによって設立された現代建築国際会議（CIAM）の第四回会議（一九三三年）で採択された憲章。「住宅」「余暇」「労働」「交通」「歴史的建築」の五項目、九五項目の考察と提言から構成されている。その後、一九九八年三月に新しいアテネ憲章が採択された。

ただし袋小路には店やカフェ、飲み屋やレストラン、コピーショップ、フィットネスクラブ、音楽学校といったものはない。そこには誰も立ち止まらない。ニュータウンは無人で荒涼とし、つねに拡張し続け、大地を食い尽くさんばかりに成長を続けている。アメリカの郊外地域の荒野を一度でも旅したことがある人は、ヨーロッパの町の喧噪《けんそう》とした雰囲気や都会に再び憧れるようになる。

郊外はどこにでもある

郊外に住んでいる人々は、徒歩ではどこにも行くことができない。それでもあえて徒歩で行こうとする人々は、すぐに人目についてしまう。私は、フロリダで警察官にピストルを突きつけられ、壁に向かって立たされたヨーロッパ人を知っている。彼は徒歩で買い物に行こうとしたのだ。いわば文化の誤解から、セブンイレブンのビニール袋を持った男は、強盗だと思われたのだ。

都心に暮らしている人々は、今日に至るまで、郊外に暮らしている人々よりも多くのことを徒歩や自転車で行なうことができている。「ニュータウン」という概念は、多くの土地を干上がらせるだけでなく、同時に交通の需要も生み出している。ニュータウンで暮らす母親は、とても高い教育を受けていることが多いが、午後は、子供たちのために無料でタクシードライバーにならなければならない。一方で、生き生きとした多様な機能を持つ都心部に住む子供は、早くから道を覚え、一人で移動することができている。

都心から隔絶を図るというニュータウンの原則は、エコロジーとは相反する。拡大する「**グローバルな郊外地域化現象**」（ヘルムート・ホルツアプフェル）は、二十一世紀のための持続可能なヴィジョンに全く相反する。それゆえ、北の国や南の国の大都市では、まず近距離公共交通網やミニバスを伴ったニュータウンを開発することが重要である。しかしニュータウンでは、袋小路の端から幹線道路にある停留所までの道のりは長い。多くの人々にとっては遠すぎるのだ。

それゆえニュータウンは、さらに生き生きとした、多機能に利用される生活空間にその構造を変えるとともに、凝縮されなければならない。これは簡単な課題ではないが、交通の増加を回避できる唯一の可能性である。町の外れにある一世帯住宅は、古いニュータウンにのみ残ることになるだろう。多くの人々が網状に結ばれた場所に住むことによってのみ、そこに社会的・商業的な生活基盤が発達し、これにより住民が事あるごとに車に乗る必要がなくなることに成功するであろう。

静寂、緑、新鮮な空気といった、ニュータウンに求められる強い要望は、都市部に大規模なカーフリーゾーンを設置したり、街中に木や緑の空間をつくったり、屋上緑化によって満たすことができる。これは毎日一三〇ヘクタールの土地を封印するよりも、エコロジーの観点で——さらにおそらく公正さという面でも——人間の願望と生態系の有限性とを一致させる、はるかに善い機会といえるであろう。先に可決された**国家持続可能性戦略**では、一日当たり新規に開発される土地の面積を、二〇三〇

ヘルムート・ホルツアプフェル（Helmut Holzapfel）：ドイツを代表する都市計画・交通計画学者。一九五〇年ゲッティンゲン生まれ。主著に『Autonomie statt Auto：自動車ではなく自立者を』がある。

国家持続可能性戦略：二〇〇二年にドイツ政府が「ドイツの展望」と題して、国家としての持続可能戦略について述べたガイドライン。「世代間の公正」「生活の質」「社会的な連帯」そして「国際的な責任」がその軸を成している。

年までに三〇ヘクタールにまで下げることを念頭に置いている。

しかし**遠距離通勤手当**は、今もなお非エコロジー的行動である遠隔地のニュータウンへの移転を奨励している。遠距離通勤手当が有効であるのは、車なしでは学校もしくは職場に通うことができないような人里離れた地域で暮らしており、しかも収入が一定限度以下の人々を対象としている点だけである。

また、新築住宅に対して通常の二倍程度も支払われる住宅手当によって、遠隔地にあるニュータウンにおける一世帯住宅や二世帯住宅の建築が有利になる。しかしエコロジーの観点から有意義な生活態度を示すべく、アパートもしくは古い住宅を購入した人々が、その半分の手当しか受けられないという措置が下されるのは、まさに逆説といえる事態である。

私たちは、このような不条理な助成制度を、国家持続可能性戦略にもとづいて調査し、環境保護のために改善しなければならない。

クリティバをバスに乗って

都市における交通手段を、どうすれば資源節約型で公正かつ効果的に構築することができるのだろうか。これは現在すでに、南部ブラジルの都市クリティバに学ぶことができる。この**パラナ州**の州都は、南の国の多くの町によくある、分厚いスモッグに空が覆われて、渋滞が起こっている状況とは異なり、魅力的な交通システムを持っている。しかし、クリティバでも一九七〇年代の初めには、あらゆる交通の危機的な状況が示されていた。

町の人口は、一九四二年の一二万人から二十世紀の終わりには二五〇万人にまで大幅に増加した。一九六四年には、自治体は、土地を総合利用するための開発計画を作成した。地下鉄を建設するためには町は資金が不足していた。それゆえ人々は、地下鉄のメリットをどのように別の手段で代替することができるかを考えた。地下鉄のメリットは、すなわち他の交通による妨害を受けず、迅速で、車内にある自販機で乗車券を買えるので発生する時間のロスがなく、ネットワーク化されているという点にある。

クリティバでは、このシステムを地上に置き換え、バスだけが利用できる専用レーンを導入した。交通の流れに沿って、車には一方通行のレーンを設置した。バスは、これにより渋滞や車の事故に巻き込まれることはなく、つねにスムーズに流れている。乗車券は乗車前に購入せねばならないため、バスの停車時間は短く、通勤ラッシュ時には毎分バスがやってくる。バスは何度も最新型に改善され、大型になった。民間会社によって運営されているバス交通網は、繰り返し拡張された。市の住民はバス会社に一人頭いくらではなく、区間キロ別の運賃を支払ってい

遠距離通勤手当：ドイツでは、通勤にかかる費用は企業負担ではなく、納税の際に必要経費として控除される。交通手段は問わず、職場と自宅の距離で控除額が計算されているため、環境保護の視点から批判の対象となっている。

パラナ州：ブラジル南部に位置する州で、原生林に恵まれ、パラナ川にある世界自然遺産「イグアスの滝」などで知られる。日系人も約一五万人在住。環境都市として知られる州都クリティバは、サンパウロからバスで六時間ほどの位置にある。

る。それゆえバス路線は町の隅々にまで張り巡らされ、やがて五〇〇区間キロにまで拡げられた。バス路線網で結ばれている郊外地域の町からの通勤者のほぼ七五％が、この料金がお得なバス交通システムを利用している。乗客数が多いことから、このバス交通システムは自力で運営されており、補助金を受ける必要はない。バス利用者数は、二十年のうちに、一日五万人であったのが（一九七五年）八〇万人にまで上昇した。クリティバでは、バス利用客の四人に一人は車を所有しているにもかかわらず、バスの乗客数は車の利用者の四倍にあたる。バスは車よりも早い。それゆえ人々は毎日バスで移動するのである。

このことが町の自然環境に果たしている役割は大きい。クリティバにおけるガソリン消費量は、ブラジル内の比較可能な他都市よりも三〇％少なく、それゆえクリティバの空気はとても良い。道路舗装のために利用される土地は少ないため、多くの緑地が存在する。住民一人あたり五二平方メートルの緑地があり、これは国連が定めた理想的な基準（四八平方メートル）よりも広い。

使い古されたバスは、想像力を駆使してリサイクルされる。すなわちバスは役割を変えて、幼稚園や学校、移動医療サービスに送られるのである。またクリティバでは、廃棄物リサイクルも先進的に行なわれており、全廃棄物の三分の二がリサイクルされている。クリティバの人々は、この交通システムにとても満足しているにもかかわらず、他都市における模倣は、徐々にしか進んでいない。

スイスにおける鉄道利用の促進方法

ならば人口過密地域の外部に住む人々が、自動車に代わる交通手段をどうやって見いだせるのか？

交通手段と鉄道――これは、「お揃《そろ》いの靴」と言われており、ドイツではよく耳にする言葉である。一方スイスでは、鉄道は極めてポジティブなイメージがあり、ドイツよりもはるかに多く利用されている。スイスの人々が、私たちよりも車を利用するためのお金を持ち合わせていない訳ではないのだが。

ドイツにおける**バーンカード**は、ほぼ毎年、乗客に繰り返し新たな条件や権利の更新を求める。乗客にとっては、バーンカードは厄介で腹立たしいものであり、疑念の種となっている。また乗車券の販売に携わる駅員は、しばしば目的地までの最もお得な接続ルートを見つけ出すことができない。ドイツ市民は、毎年このバーンカードの最新版を買うか買わないか、まさに根本的な決断を迫られるのである。その結果、バーンカードを買おうと決めたドイツ市民は二四人に一人にすぎなかった。

反対にスイスでは、ドイツのバーンカードのモデルでもある半額定期券（年間を通じて乗車券が半額で購入できる）の条件は長年変わっておらず、四人に一人が日常生活用に、この定期券を所有している。人々は半額定期券を、ちょうど新聞の定期購読や家賃の銀行自動引き落とし払いシステムと同様に活用している。つまり人々は、新聞を読んだり居住するのと同じ感覚で、鉄道を利用しているのである。観光客から企業の経営者に至るまで、チューリッヒ空港から飛行機で飛び立つ人々のほとんどが鉄道で飛行場に到着している。

バーンカード：ドイツ鉄道（Die Deutsche Bahn）が提供する乗車割引券。割引率は、二五、五〇、一〇〇％と三段階ある。

スイス鉄道はフラットな（傾斜のない）軌道を積極的に促進しており、同じ料金で多くの路線や多くの本数、多くの直通列車を走らせている。これらは何のために運営されているのだろうか？ **ボーデン湖**沿いの大都市コンスタンツからシュトゥットガルトまでは直通路線はなく、人々はおそらく車で移動するであろう。一方で、コンスタンツからチューリッヒやチューリッヒ空港までは、スイス鉄道は直通路線を運営しているために、人々は鉄道で移動するだろう。

ドイツと比較すると、スイスの人々は様々な交通機関に有効な「乗り放題」の定期券を、たえず多く購入している。スイスの人々にとって、もっとも人気のある定期券は「ゲネラール・アボ(Generalabo)」である。これは、**ゾーロトゥルン**のバス路線でも、チューリッヒの路面電車（トラム）でも、ベルン〜ローザンヌ間のインターシティ（ＩＣ、国際列車）でも、スイス国内の全ての公共交通機関に「乗り放題」の定期券である。スイス鉄道の戦略は、鉄道および地域公共交通網を、車と同様に利用しやすくすることである。その戦略を政治的に定義すれば、「乗車率アップ作戦」である。おそらくスイス鉄道の成功の秘訣は、その明確な戦略設定と、成功に期限を定めようとしたことにある。二〇〇四年の交通計画は書面に示されている。現在人々は、二〇二〇年の鉄道交通網のためのアイデアについて議論している。スイス鉄道は全ての部門に対し、この戦略に協力するよう呼びかけている。

倉庫代わりのアウトバーン

アルプスを南北に横断する貨物交通の大部分を鉄道に転換することを目的にしたスイスの**アルプス**

保護イニシアティブは、スイスにおける鉄道網の大幅な拡張をもたらした。アルプスを貨物トラックで横断して貨物を運搬しているベネルクス三国やスカンジナビアの国々、その他の全ての国々が、このアルプス保護イニシアティブによって、最初から鉄道を利用して貨物を運搬することになれば、これは大変意味のあることだと言えよう。

私たちは、貨物交通を総合的に持続可能な形態に変えていかなければならない。貨物交通における高い排出量の責任は、生産モデルにもある。つまり企業は、あちらこちらに点在し、極めて分業化された生産体制を敷いているにもかかわらず、今日では倉庫なしで済ませるに至っているからである。「**ジャスト・イン・タイム・システム**」は、魔法の呪文のようでもあるが、しかし環境問題にもなっている。倉庫なしで商品を製造することは、実際、商品に高い倉庫費用が上乗せされないということ

ボーデン湖：スイス、オーストリア、ドイツの国境に接する大きな湖。周辺にはコンスタンツ（Konstanz）、ブレゲンツ（Bregenz）、リンダウ（Lindau）といった都市がある。

ゾーロトゥルン（Zolothurn）：スイス北西部にある、人口一万五〇〇〇人程度の町。

アルプス保護イニシアティブ：アルプスを通過する自動車交通を原因とする環境汚染に対して一九九四年に国民投票によって可決されたイニシアティブ（国民表決による法律）。通過貨物の輸送をトラックから鉄道に転換することを主張するもので、一九九九年には、アルプス地域を通過する重貨物交通の鉄道への転換に関する法律が施行された。

ジャスト・イン・タイム・システム：必要なものを必要な時に必要な量だけ生産するシステム。トヨタ自動車が採用して日本および世界に広めた工場生産方式。ジット（jit）と略される。

である。その代わりに倉庫は、税金のかからない公共の土地の上を、それもタダで移動しているのである。

これを交通情報になぞらえれば、渋滞を意味する。そしてこの納税者全員に負担を与える、公共の土地の上を走る倉庫が、ドイツ全国に存在している。**フランクフルト・オーデル**から**ザールルイ**に至るまで、**プットガーデン**から**ベルヒテスガーデン**に至るまで、貨物トラックの洪水が、全国に溢れている。貨物トラック一台が引き起こす道路の損害の修復費用は、個人用自動車一台によるものの約四万倍になる。また貨物トラックは、アウトバーン沿線の騒音の原因にもなっている。さらにディーゼル粒子とCO_2の大部分も貨物トラックが原因である。

貨物トラックに対する通行料金システムの導入は、アウトバーンが無料の倉庫のように利用されている状況に終止符を打つものである。通行料金は、一キロメートルあたり一〇～一七セントに設定することが要求される。しかしこれで全ての費用を賄《まかな》うには十分ではなく、本来ならば、トンキロメートルあたり、同じだけの金額を支払うことが必要である。とはいえ、この取り組みはまだ始まったばかりである。

将来的に、価格にはエコロジーと国民経済における真実が反映されねばならない。貨物トラック通行料金制度は、間接補助金の解体への一歩である。これは貨物交通市場における鉄道の参入機会を高める。

赤―緑政権は、鉄道を税制上、飛行機や貨物トラックと同等に扱おうとしている。鉄道で運べば、実際の輸送距離に対して料金を支払わなければならないが、五〇キロメートル以上の輸送に対して、付加価値税が半額になるのであれば、随分有利になるであろう。そのためには、二五億ユーロが必要であり、これは環境税をさらに改革することによって調達できるであろう。

貨物交通の場合にも、私たちは二つの戦略を追究している。私たちは交通網を改善し、そして自動車そのものも最効率化する。貨物トラックの構造転換が必要である。これによるCO_2削減の潜在的可能性は最大である。動力用燃料の消費は半減されなければならない。エイモリー・ロビンズとペーター・ヘニッケは、二〇五〇年に向けたシナリオにおいて、一トンの貨物を一〇〇キロ輸送するために、わずか七リットルの燃料を必要とするだけの状況になるべきであると説いている。

貨物トラックのメーカーは、将来、より少量の貨物で長距離輸送することになると想定しなければならない。環境税や貨物トラック通行料金制度、地域における経済循環の強化は、容量の少ない貨物交通を実現させるうえでの前提条件となるだろう。遠距離輸送のための大型トラックは、多様な利用法が可能な小型トラックと比較して、場合によっては需要が少なくなるかもしれない。

プットガーデン（Puttgarden）：ドイツ最北部、バルト海に浮かぶ、デンマークとの国境に最も近いフェマーン島にある港町。ドイツ鉄道の最終地点。

ベルヒテスガーデン（Berchtesgarden）：オーストリアとの国境沿いのアルプス地方にあるドイツ南部の町。人口約八〇〇〇人。

フランクフルト・オーデル（Frankfurt/Oder）：オーデル川沿い、ポーランドとの国境に接するドイツ東部の町。人口六万三〇〇〇人。

ザールルイ（Saarlouis）：フランスとの国境に接するドイツのザールランド州の町。人口約四万人。

これからますます貨物交通が鉄道に転換されると、輸送量に対してではなく知的サービスに対してお金が支払われるようになるだろう。

ドイツ政府は、交通手段の転換のための正しい警鐘を発している。これからは自動車会社や鉄道、市営交通、地域公共交通網に属するその他の鉄道事業者と市民とが、新しい座標の上で交わることになるだろう。

飢餓《きが》を克服する――遺伝子組み換え技術もアグリビジネスもなしで

アグリビジネスは土壌と水をだめにし、種の多様性を減少させ、大量の肥料、大量の殺虫剤、大量のエネルギーの投入を必要とする。そうして最終的に食料品が作られるが、それほどたくさんの量は必要でもないし、これほどの品質を誰も求めてはいない。しかしアメリカは二〇〇四年から二〇一一年までの間のアグリビジネスへの補助金を合計でおよそ七三〇億ドル上乗せするつもりだ。EUの農業補助金では、アグリビジネスに年間四〇〇億ユーロを割り当てている。

補助金を受けて生産されたアグリビジネスの農産物は、その一部が処分されるか、もしくは、新たな補助金を受けて貧困国へと輸出される。その地域の農民は、協定ダンピング価格に太刀打ちできない。食糧援助は開発援助と同様、危険な贈り物であるのだ。これについては、とりわけアメリカとEUが先行している。

援助としての補助金

アメリカは、国連機関の大部分についてもっとも支払いを滞《とどこお》らせている国であるが、食糧援助に権限を持つ**国連世界食糧計画**（ＷＦＰ）には群を抜いた資金提供を行なっている。つまりアメリカの補助金総額は一〇億ドルで、最大の支払い国となっている（ちなみに第二の支払い国である日本は一億ドル）。その支払い状況は国連にとって極めて都合がよい。ワシントンにある米政府がそれぞれの農場主からトウモロコシを買い集め、そのすべての輸送費用の負担を国連に保証しているからである。つまり南の国々への援助として宣言されたのは、事実上アメリカ中西部の農場主への援助となっている。

南の国では、このアメリカ産のトウモロコシが国産品を競争から締《し》め出している。アフリカの国々はアメリカのようにこうした補助金を出せない。**ＩＭＦの構造調整プログラム**がそういった補助金にまでも狙いを定めて邪魔しているのだ。結果はこうだ。たとえばケニアは二〇〇二年に最大のトウモ

国連世界食糧計画（ＷＦＰ）：国連唯一の食糧援助機関かつ世界最大の人道援助機関。飢餓《きが》と貧困の撲滅を使命として一九六一年に設立が決定され、一九六三年から正式に活動を開始。本部はローマ。二〇〇四年実績で、八〇カ国において一億一三〇〇万人に五〇万トンの食糧支援を実施。総支出は三一億ドルにのぼる。

ＩＭＦ（International Monetary Fund）：国際通貨基金。一九四四年七月、ブレトン・ウッズにおいて開催された連合国通貨金融会議で調印されたＩＭＦ協定に基づき、一九四六年三月に設立された国際機関。加盟国が通貨に関して協力し、為替相場の安定を促進することにより国際金融秩序を維持し、また為替制限を撤廃することによって世界貿易の拡大をはかり、経済成長を促進させるという目的を持つ。

ロコシ収穫高を記録した。WFPはエチオピアの飢餓《きが》地域や他地域の国々のためにケニアの農家の余剰分を買うことによって、その地域の農作物を長期的に支えることもできただろう。しかしこれらのトウモロコシはアメリカ産より高く、ケニアは自国の収穫分の大部分をさばけずに、結局収益を失うことになった。彼らは再びトウモロコシを栽培し、その収益に頼る気にはなれない。潜在的な顧客が見込めないからである。

産業ベースの農業は飢餓《きが》を防ぐどころか、飢餓《きが》を引き起こす原因のひとつになっている。産業ベースの農業は国とその生産物とを直結させることができず、土壌、水の管理、種の多様性といった資本を永久に台無しにしてしまうからである。

飢餓《きが》の原因は、世界的に見れば食糧不足ではなく、食物や土壌へのアクセスが制限されていることにある。飢餓《きが》に苦しむ人々の大半は、確かに田舎に住んではいるが、土地所有から締め出されている。アフリカでは女性が食糧の八〇%を生産しているが、彼女たちの所有する土地はわずか一〇%である。コロンビアでは国土の四八%が、一・三%の土地所有者のものとなっている。

自然に近いもののほうが、より多くをもたらす

食糧への公正なアクセスを得るには、また、生存権という人権を実現するためには、南の国々の土地改革が絶対に必要である。『多角的調査研究(diverse study)』という名の、**ワールド・ウォッチ研究所**のレポートにある最近の調査によれば、有機栽培もしくは自然農にある南の国の畑の収穫量のほうが、プランテーション栽培による収穫量よりも多いことがわかった。つまり土地改革は収穫量にさえ

もプラスに働きうるわけである。さらに伝統的な栽培の効率を最大限高めなければならないが、それは化学肥料によってではなく、最適な**コンパニオン植物**（共栄作物）や害虫・益虫に関するノウハウ、窒素肥料のような作用を与えるマメ科の植物についてのノウハウを得ることよって可能である。エコロジカルな、農業もしくは自然農は、飢餓《きが》を世界から持続的に取り除いてくれるだろう。

構造調整プログラム（SAP：Structural Adjustment Program）：対外債務の返済に支障をきたした国に対してIMFと世界銀行が提案する政策パッケージ。一九八〇年代の初めに累積債務問題が深刻になってきた頃から本格的に採用された。外貨獲得のために輸出を拡大し、通貨を切り下げ、貿易・外貨投資に関する規制を撤廃し、債務返済を優先するために政府支出を抑制し、教育・福祉予算を削減し、民営化を推進することなどを柱としている。しかし、民営化による労働者解雇や、資源・環境破壊、規制緩和による国内品の競争力の喪失、生活必需品に対する補助金廃止による貧困層のさらなる窮乏、財政引締めによる経済活動の低下など、貧困国に多大のインパクトをもたらしている。

ワールド・ウォッチ研究所（The World Watch Institute）：一九七四年、レスター・ブラウン（現・アースポリシー研究所所長）と、ウィリアム・M・ディーテル（ロックフェラーブラザース基金）によって設立された。米国ワシントンDCに所在し、環境の持続可能性や社会的正義の実現をめざして、調査研究とその成果の普及啓発を行なう民間非営利の研究機関。調査研究の結果は、機関誌"World Watch"と"State of the World（地球白書）"などの出版物によって広く情報発信しており、多くの国々で翻訳されている。

コンパニオン植物（共栄作物）：互いの成長に影響を与え、共栄しあう植物のこと。生態系の循環や豊かな共生の関係を活用し、相性の良い作物を一緒に作付けすることで、作物の生育が良くなったり、病害虫にかかりにくくなったりする。他種類の作物を狭い面積で育てる有機農業ではとりわけ役に立つ技術。

バングラデシュおよびベトナムでは、一五万人の農民がここ数年来、新しい稲作農法を用いている。彼らは殺虫剤の使用をやめ、その代わりに益虫を使って害虫と戦っている。今やイネとイネの間に、魚やザリガニ、エビが再び生息している。水田を取り囲む小さな畦畔《けいはん》の上に、人々は果物や野菜を栽培している。その結果、イネの収穫量だけでも五~七%上昇した。この魚・米・野菜・果物を組み合わせた栽培方式全体では、単に米と殺虫剤だけで行なう慣行農法と比べて、年間一ヘクタールあたり二五〇ドルも多くの収益をもたらす。この複合栽培方式は、スイセンの遺伝子を組み換えることで体内でビタミンAに変化するプロビタミンAを形成する〝**ゴールデンライス**〟よりも、はるかに良質の栄養価を保証している。ゴールデンライス三〇〇グラムは成人のビタミンA摂取量のせいぜい二〇%を補うだけである。子どもならそんな量の米はとても食べられない。たんぱく質、他のビタミン、ミネラル分、ヨード、これら魚・米・野菜・果物の複合栽培方式に組み込まれているもののすべてが、ゴールデンライスには欠けている。年間を通じてさまざまな四季折々の果物や野菜が提供され、それらを楽しめることを別にしたとしても。

遺伝子技術を使って飢餓《きが》をなくそうというゴールデンライスやその他の試みは、袋小路に入り込んでいる。それらは地域の人々の栄養をまかなうことはけっしてないどころか、「まったく余計な」、測り知れないエコロジー的危機を生みかねない。おまけに最高品質の家畜飼料をつくるように、貧しい人々のために濃縮された特殊な食品を開発するというのは、人間性を軽視した行為である。ゴールデンライスと一〇キロ袋入りの**フローリック**、そのどこが違うというのだろうか?

特定の企業にとっては、人間向けの植物性のフローリックは確かに良い商売道具になる。とりわけその研究資金が、ゴールデンライスの場合のように納税者によってまかなわれるとしたら。ゴールデンライスは地域の人々の食糧を支えることはけっしてできないだろう。インドではすでに「**緑の革命**」において、インドで一年間に生産される米と小麦の生産高が三倍以上に達した。その一方で野菜の生産は痛手を負っている。つまり一九八〇年以降、(インドでは)家庭での野菜消費量が一二%程度減少

畦畔《けいはん》：水田に流入させた用水が外にもれないように、水田を囲んで作った盛土等の部分のこと。一般的には土を盛って、区画の境界に設けられる。また、除草・施肥のための通行、休憩場所などの機能もある。

ゴールデンライス：スイス連邦工科大学のインゴ・ポトリクス(Prof.Ingo Potrykus)教授とドイツ・フライブルグ大学のペーター・バイヤー(Prof.Peter Beyer)教授が開発した遺伝子組み換えイネ。コメが黄金色をしていることから「ゴールデンライス」と名づけられた。ビタミンA不足による疾病解消が期待されており、現在、フィリピンにある国際イネ研究所において、アジアで栽培されているイネの品種に、その性質を付与する開発が行なわれている。最近では、ベータカロチンをさらに多く含む新しいゴールデンライスが開発されている。

フローリック：ドイツのマスターフーズ有限会社(Masterfoods GmbH)のペットフード。

緑の革命：開発途上国の人口増加による食糧危機克服等のため、多収穫の穀類などを開発して対処しようとする農業革命のこと。一九四〇年、ロックフェラー財団とメキシコ政府が共同で取り組んだ小麦の高収穫量品種開発が始まり。収穫量を画期的に向上させ、アジアの多くの開発途上国において奨励されたが、一方で、新品種は多量の水や化学肥料、農薬を必要とし、砂漠化や農薬汚染など環境への影響、さらには先進国(化学肥料、農薬供給国)と開発途上国、富裕層と貧困層との間に深刻な社会経済的な問題を引き起こした。これから「緑の革命」の功罪は、生物多様性および生物資源をめぐる先進国と途上国関係などの面からも関心を持たれている。

しているのである。この結果が人々の栄養不足を招いている。少ない種類の主食をより多く生産するのではなく、合法的でかつ継続的な土地所有と栽培の多様性を維持することが、飢餓《きが》に対する正しい戦略なのである。

中国の雲南省《うんなんしょう》では、農家の人々は菌類病を減少させるために、近頃では二種類の米を交互に並べて育てている。その結果、菌類病は約九四％減り、米の収穫量が八九％程度上がった。さらにアルゼンチンやブラジルでは、**直播《ちょくはん》栽培方式**で土地を耕している。土を起こすことはもはやなく、土壌の浸食をくい止めるために地面はいつも覆われている。芝生植物が肥料として播《ま》かれている。トウモロコシや豆の収穫量は六〇％以上も伸びた。

キューバは、アメリカとの通商停止やソビエト連邦の解体による数十億ドルの援助停止により、九〇年代から否応なく急進的な代替農業政策を推し進めている。つまり、外貨を喰うトラクターを牛に変え、肥料の代わりには混植を、そして農家は新しい農法を導入するよう強く指示を受けた。その結果が、**キャッサバ**、豆、トウモロコシ、トマト、サツマイモの新しい混植で、かつてのモノカルチャー栽培より一・五倍から二・八倍の収穫量アップが実現した。

気候変動に対してすら、自然栽培はより耐久性が優れている。その理由は単に、種の多様性が増大することによって、遺伝学的に優れた潜在能力が与えられるからというだけではない。ニカラグアの持続可能な農業経営は、慣行農法よりも**ハリケーン**「**ミッチ**」の被害をずっと軽減させることに成功した。つまり、その土壌は水分を相当度保つことができるため、八〇％侵食を抑えることができたのである。

コストと価格

有機栽培は産業ベースの栽培による半分しかエネルギーを使わず、そのため経費と収益のバランスシートがもっとよくなる。だから、たとえば労働力へもっと支出しても帳尻《ちょうじり》が合う。持続可能な栽培はとりわけ安定した収益をもたらす。その結果、土壌の浸食や水の汚染は減る。

慣行栽培（現状の栽培方式）にかかるコスト、つまり肥料や殺虫剤のコストや、水や土壌の汚染、栽培地から動植物を追い出す際にかかるコストは、将来的には慣行栽培による生産物の価格に反映されねばならない。デンマークやノルウェー、スウェーデンでは、すでに農化学物質に対して環境税が課されている。

これらの環境負荷をすべて外部転嫁し、飼料のグローバル市場を掌握《しょうあく》することで、ドイツでは他に例を見ないほど食料品が安くなった。私たちドイツ人は今日、実質所得のわずか一四％しか食料品に

直播《ちょくはん》栽培：苗代《なえしろ》や苗床《なえどこ》を用いず、直接、田畑に種を播《ま》くこと。じかまき。直播《ちょくはん》栽培には、水田に水を溜《た》めずに播《ま》く「乾田直播《かんでんちょくはん》」と水を溜《た》めて播《ま》く「湛水直播《たんすいちょくはん》」の方法がある。アルゼンチンやブラジルでは土を起こさない不耕起直播《ふこうきちょくはん》栽培を行なっている。

キャッサバ：フウロソウ目トウダイグサ科イモノキ属の熱帯低木。芋はタピオカの原料であり、世界中の熱帯地域で栽培される。キャッサバはマニオク（マンジョカ）とも呼ばれブラジル原産。

ハリケーン「ミッチ」（Mitch）：一九九八年十月にホンデュラス、ニカラグアを襲った大型ハリケーンのこと。死者一万一〇〇〇名。過去最高被害のハリケーン。

支出していない。三十年前は食品に対して二倍以上のお金を支払っていた。有機農産物の値段が法外に高いのではなく、スーパーにある商品が破格に安いだけなのである。

農業は、軽油に関してだけでなく、水に関しても、極めて頻繁に特別支払い措置を受けている。この間接的な補助金は法外な消費を促している。それも多くの国々において、環境省ではなく農水省にあたる省庁が水の管理を行なっていることが問題である。サウジアラビアを例に取ると、この世界で最も裕福な国のひとつが、砂漠の真ん中で広大な酪農経営を行なっている。一リットルの牛乳の生産に四〇〇〇リットル近くの貴重な淡水が使われるが、その水の大部分は地下にある限られた貯水源からくみ上げられるか、海水から塩分を取り除かれて供給されるかのどちらかである。最近では独立行政機関である（実際は農業省から発展した）水利省があり、これが個人の家庭用水や工業用水、農業用水など、国全体の水管理を独占している。つまり水の管理に対する補助金が、ドル紙幣に慣れきったサウジアラビア人でさえ、もはや安心して眠れないほどの高額に達しているのである。

特許およびハイレベルの認証制度による独占はもうやめよ

現在、人間の食用もしくは動物の飼料として用いられている植物が、世界中に一万八〇〇〇種類ある。FAOは公共財に値し、それゆえアグリビジネスによる特許が認証されてはならない貴重な植物種がどれかを、**国際条約**において指定した。

事実、FAOが一万八〇〇〇種の植物のうちのたった一〇〇種のみを食糧として重要であると位置づけたことは、FAOの権限および独立性に疑問を呼び起こさざるをえない。この一〇〇種の中には、三五種の食用作物と二九種の飼料作物が、公共財として認定された。小麦、米、大麦、レンズ豆はそれに含まれる――しかし大豆、玉ねぎ、トマトは含まれていない。

生物多様性という最大の財産が南の国々にはあるが、それはこの多様性を維持し、何百年にもわたって育ててきた人々の財産である。もしこの財産が今になって、北の企業に意のままにされるならば、それはまったくもって公正でない、一種の海賊行為である。ここでどうにか可能なのは、南の国の人々が、外貨の支払いと引き換えに自分たちの財産の一部を私たちに提供することであって、その逆ではない。そうでない場合には、この法律上の強奪行為が正当化され、合法的な財産所有者（である南の国の人々）には、慈善家ぶった態度でほんの少しの分け前だけを与えていればよいといった状況になることだろう！

国際連合食糧農業機関（ＦＡＯ：Food and Agriculture Organization）：農業、林業、水産業等の分野における幅広い諸問題について活動をしている国連の専門機関の一つ。土壌保全の問題、農薬等による食品汚染や食品衛生問題、動植物の検疫の問題、焼畑農業、商業伐採等による森林の破壊の問題、遺伝子資源の保存の問題等について、ＵＮＥＰ等と協力して対処するための戦略や行動計画を立案し、事業を行なう。

食料農業植物遺伝資源に関する国際条約（ＩＴＰＧＲＦＡ：The International Treaty on Plant Genetic Resources for Food and Agriculture）：通称、国際種子条約（The International Seed Treaty）。二〇〇一年十一月にＦＡＯ総会で採択された条約で、植物遺伝資源のうちイネなど三五作物二九牧草種のアクセスとその利用から得られる利益配分について定め、食料農業植物遺伝資源の利用の促進を図るもの。批准《ひじゅん》、承認、受諾あるいは加入した国が二〇〇四年三月三十一日に四〇カ国を超えて成立し、二〇〇四年六月二十九日に発効。

特許の問題とならんで、南の国の農民にとっては環境認証制度が決定的に重要な意味を持っている。北と南の両方でエコロジカルな栽培を実現させるには、ひとつの環境認証、すなわち品質証明ならびに監視システムが必要である――私たちが林業において森林管理協議会（FSC）によって国際的な認証基準を作り出したように。重要なのは、これらの行政による認証要求を南の国の農家も満たすことができるようなものにすることである。私たちに必要なのは、ひとつの統一基準である――しかし、それはけっして北の市場に参入するための新たな障壁となってはいけない。

南の国は北の国の農業転換を必要としている

すでに何年も前、国際的な食糧援助の対象となっていた国々に住む田舎の住民は、国際取引対象となる作物に代わって、再び自国消費用の作物を栽培するために、信頼できる政治的座標軸を必要としている。自国の国民のための農業生産を再興するには、当該国政府が、世界市場に出回っている作物よりも自国の作物に対し、高値をつけることが認められねばならない。とりわけ、これらの国々の農家は、アメリカやEUから高い補助金を投入された安い輸入品との競争から保護されなければならない。

それには、野心をもって腐敗と立ち向かうことが、南の国だけでなく、とりわけ賄賂《わいろ》の出所、たとえばヨーロッパにおいて必要である。さもなければ九〇年代初頭、ギニアの農民たちが彼らにとって初めてのジャガイモ栽培で、一度に大儲《もう》けしようとした時のような状況が繰り返される。彼らの収穫高はかなりの収益につながるものだった。首都コナクリにあるギニア政府はジャガイモの完全な輸入禁止を発表した。しかし、オランダやベルギーは、賄賂《わいろ》を撒《ま》いてこの状況を回避しようとした。その結果、輸入ジャガイモの山がギニアに氾濫《はんらん》した。南の国の人々は「低開発国」という低い評価概念をことあるごとに与えられてきたため、輸入品は基本的に自国の生産物よりも高い信用を得ていた。そのため輸入ジャガイモが購入され、農民は自らのジャガイモの上に座り込むしかなかった。もはや何の術もなかったので、自国のジャガイモは倉庫に貯蔵され、腐っていった。

国内市場向けの商品を増やすことや、それらを真に輸入品から保護することによって、ほとんどの南の国々において長期的な食糧安全保障が実現されるだろう。これにはしかし、WTOやEUそしてアメリカとの厳しい戦いが前提となる。北の国に住む私たちが補助金による過剰生産をやめれば、私たちが有機栽培に移行すれば、私たちが肉や魚の摂取をやや減らし、自分たちの住む地域で取れた果物や野菜をもっとたくさん食べれば——そうした時にのみ、南の国々はこの戦いに勝利できるだろう。

北の国にとっての農政転換のメリット

北の国の消費者はこうやって得をしてきた。彼らはより健康にいい、とりわけよりおいしい食料品を手に入れてきた。彼らは質の高い食の安全性を確保していた。

FSC（The Forest Stewardship Council）：森林管理協議会。環境保全の点から見て適切で社会的な利益に適《かな》い、経済的にも継続可能な森林管理を推進することを目的として、環境団体、林業家、木材会社、先住民団体などによって一九九三年に設立された民間組織。適切な管理がなされている森林を評価し認証（森林認証制度）するための国際的機関として活動している。認証された森林の面積は、一九九七年頃から急速に増加し、二〇〇四年二月現在、世界で四〇〇〇万ヘクタールを超えている。

現在、北の国の消費者は、アグリビジネス製品への転換を余儀なくされている。その背景にあるのは、鶏卵もしくは子牛や七面鳥のホルモンに発生するサルモネラ菌の危険、豚の抗生物質耐性菌、ヤギの口蹄疫《こうていえき》、牛海綿状脳症（BSE）などである。

慣行的な飼料売買は、環境認証制度の評判を貶《おとし》める原因となっている。有機栽培による穀物を、旧東独時代に**ニトロフェン**などの農薬の貯蔵庫として使われていた倉庫に保管したのである。穀物は汚染された。数十年前から禁止されている毒物が、こうして鶏や卵、七面鳥の中に、さらに有機農産物にまでも混入された。

現代のアグリビジネスは、多額の資金投入と国からの高額の補助金によって自然を破壊し、農産物を規格化された加工しやすい質のものに作り上げている。アグリビジネスが成功するか失敗するかは、使用する土地の土壌の質というよりも、ブリュッセル（EU本部の所在地）による配分および価格調整政策によって左右される。

この農政転換と**改正連邦自然保護法**は、農民にかなりの専門的な実務を義務づけている。その狙いとは、たとえばその土地で作る飼料だけで飼育できる数の家畜を飼うことである。それらの土地には、地下水に硝酸塩や他の有害物質を蓄積させることなく、家畜の糞尿を分解するのに充分なだけの広さを確保する必要がある。有機農業による飼育法では、大きな家畜は一ヘクタールあたりたった二頭しか飼育が許可されない。それ以上の数の家畜は、物質循環のバランスを失わせるからである。

そのような動物―土地関係から、ドイツの多くの地域はすっかりかけ離れてしまった。たとえば厳寒期の後、北西ドイツの**ディーフォルツ郡**、**フェヒタ郡**、**エムスラント郡**といった地域を各駅停車で通るなら、列車の窓を開けないほうがいい。播《ま》きすぎた肥《こ》やしが大気中に悪臭を放っているからである。この悪臭は家畜の大量飼育の自明の結果である。しかしそれは、さらに別の困難かつ深刻な状況をも引き起こしている。つまり家畜の大量飼育は、私たちの生態系にダメージを与えるだけでなく、南の国々の極めて多くの土地で、穀物や大豆などの飼料用作物を栽培できなくさせているのである。
これはカロリーの無駄使いである。たとえばパンの場合、パンの加工（小麦を挽《ひ》く、焼く）による

ニトロフェン（Nitrofen, NIP）：アメリカのローム・アンド・ハース社が開発したジフェニルエーテル系の除草剤で、水田、野菜畑で一年生雑草の発生を抑えるために使用された農薬の一種。

ドイツ改正連邦自然保護法（Bundesnaturschutzgesetz）：一九七六年制定。自然そのものの存在価値と人間の生存基盤やレクリエーションの場所という観点から、自然と景観の保護と発展を目ざすもの。二〇〇二年四月の改正では目的に将来世代への責務が追記され、生物多様性の確保や、レクリエーションにおける経済性と自然保護との関係の定義、またその調和が強調されている。さらに、自然・環境にやさしい農業の促進、市民や環境保護団体などの参加権の充実、ビオトープ結合システムの保全、電線における鳥類の感電防止、国立公園と保護区域における発展の可能性、風景計画における自然保護の強化などを規定。同法の規定の多くは枠組み法としての性格をもち、各州が同法にもとづいた法律を作り、具体化している。

ディーフォルツ郡（Diepholz）：ドイツ北西部、ニーダーザクセン州中央部の郡。ブレーメン（Bremen）、オルデンブルク（Oldenburg）といった都市の近郊にあり、低湿地帯が広がる。

フェヒタ郡（Vechta）：ドイツ北西部、ニーダーザクセン州西部の郡。オスナブリュック（Osnabrück）、オルデンブルク（Oldenburg）の両都市に挟まれた地域。

エムスラント郡（Emsland）：ドイツ北西部、ニーダーザクセン州最西部の郡。

カロリー損失度が最小限であるのに対して、一キロカロリーの卵の生産に四キロカロリーの穀物が必要であり、一キロカロリーの豚肉に対して三キロカロリーが、牛肉では一〇キロカロリー、鶏肉では一二キロカロリーの穀物が必要となる。

したがって、家畜飼育と作物栽培は、慣行農業においてもまたバランスのとれた関係を保たねばならない――数少ない有機農業だけでなく、慣行農業においても。

改正連邦自然保護法によって、農業のための基準が初めて作られた。浸食の危険にさらされている土地、たとえば牧草地などは、もはや崩落《ほうらく》することは許されない。これは文化的景観の保護に貢献するものである。

世界中で食糧生産がグローバル化されているにもかかわらず、北の社会は依然、自国の農業経営者の労働に頼っている。確かに農業は、ドイツにおけるあらゆる価値の創造に、比較的小規模の貢献しかしていない。しかし私たちは農家の人たちに、何百年にもわたって育んできた文化的景観と、そこに生息する種の多様性の保護を求める。私たちが農業を安易に市場に委ね、毎年ドイツが各州や連邦レベルで、そしてEUに対して支払っている農業への補助金一八〇億ユーロを節約すれば、納税者は当面は喜ぶだろう。しかしその後で、全国のすべての地域がみるみるうちに荒れ果てるという事態を引き起こすだろう。中間山間地域はもはや農業には適さないだろう。それらは、茂みや森になるだけである。

それゆえ、**粗放化プログラム**の支持、エコロジカルな農業転換への支援、農村地域への投資なども必要不可欠である。農民は将来的にも支援されるべきであるが、あまりにも法外な補助金で支援することはもうやめ、持続可能な労働に対しての支援を行なうべきである。グローバルな正義と生態系の持続可能性という観点から、この非生産的な補助金の支給額を引き下げることが、とりもなおさず重要である。

農家——農政転換後、未来の職業へ

農政転換によって、農家という職業のもつイメージが、より要求レベルの高い多様なものになる。農家は将来的に、たとえば文化的景観の保護や再構築、小動物や鳥、多様な害虫駆除《くじょ》動物などが生息する林を植えることに対してお金を出すようになるだろう。多くの農家が地域の販売チェーンに加入し、健康に良い新鮮な食料品に明確な産地表示が記され、より高い価格で売るようになるだろう。農業と並行して、レジャー産業分野に従事する人々も現われる。さまざまなアウトドアスポーツが農家にとっての潜在的な収入源となる。ワークシェアリングによって市民の余暇が増えれば増えるほど、彼らはそれだけ身近に自然を感じたいと思うようになる。たとえば**ザールラント州**にあるいくつ

粗放化プログラム（Extensivierungsprogramm）：EUが一九九八年に開始した、耕地の休耕や植林、非農業目的への転換など、集約性の低い生産方法（有機栽培など）を積極的に援助するための補助金制度。ドイツではすでに八九年（旧西独時代）にバイエルン州が先導的に導入。EU財政を圧迫する過剰生産の制限対策であるとともに、地球の生態系や自然環境の回復と維持を図ろうとするもの。環境負荷の悪化、疫病発生などを鑑み、集約（Intensive）農業から粗放（Extensive）農業への転換を推進する。各国の粗放化政策に対し、EUがその二五％を補助する。

かの乗馬場は、すでに何年も前から、周遊ライドができるようにネットワーク化している——これぞエコロジカルで、理に適《かな》ったレクリエーションまたはツーリズムの型である。

すべてのグローバル・プレーヤーが、生態系の相互連関についての基礎知識を持つべきことの重要性を理解すればするほど、教育施設型農場もまた現われるようになる。その中で、ウィーンで行なわれている自主収穫プロジェクトという発想が、その後ドイツでも最初の追随者を生み出した（**カッセル大学**の学習・実験農場や、**エッセン**の有機栽培農場）。この発想は単純なものである。有機農家が区画ごとにさまざまな種類の野菜の種を蒔《ま》き、決まった値段で、自分で草むしりや収穫を行なう消費者に貸し出すというものである。農場は、そうやって安定した部分収入を得、人件費を節約する。これは体験志向型・実践型の環境教育である。自分で栽培する者は、人がいかに安定した気候に依存しているかを身をもって体験できる。

農家は再生可能エネルギーの分野にも参入できる。**ザウアーラント**にあるウィンドファーム「ズィントフェルト（Sintfeld）」では、たとえば風力タービン関連業者に土地を貸すことで副収入を得ている。今やすでに、ますます多くの農家が自力で風車経営をするようになっている。この農家の収入源に対し、その認可手続きを制限することで認可を留保しようとするシュトゥットガルトやミュンヘンの州政府に対して、農家は文句を言っている。他にも菜たね油やバイオマスを発電に利用している農家もある。

バイオマスは農家にとって単なる収入源のひとつではなく、ただのささやかなチャンスでもない。ベビーフードメーカー（**ヒップ社**）の社長クラウス・ヒップは、自分たちの工場のすべてをバイオマス由来のエネルギーで操業しており、さらに工場周辺地域に電気を供給している。畜産農場のバイオガスは将来的に暖房費を抑えるのに役立つだろう。

自然を生かした森林経営にも専門家や、能力のある森林労働者が必要である。森林はバイオマス発電にとって重要な要素のひとつである。木材をエネルギーに変換することはカーボンニュートラルであり、このことから木質バイオマス発電が奨励されている。

農業技術者たちに斬新《ざんしん》な思想的役割ないしは問題提起をしたのは、エイモリー・ロビンズである。彼は標高二二〇〇メートルにある自分の**ロッキー・マウンテン研究所**の温室でバナナを育てている。

ザールラント州（Saarland）：ドイツの南西部に位置し、フランスとルクセンブルクに接する州。

カッセル（Kassel）：ドイツ中央部、ヘッセン州にあるライン川流域の古都。人口一九万三〇〇〇人。

エッセン（Essen）：ドイツ西部のライン川流域、ノルトライン＝ヴェストファーレン州のルール地方の中心に位置する都市。人口五八万四〇〇〇人。

ザウアーラント（Sauerland）：ドイツ中東部、ノルトライン＝ヴェストファーレン州の東部にある低山岳地帯。

ヒップ社（Hipp GmbH）：世界最大の離乳食メーカー。完全無農薬のベビーフードをつくったり、包装も簡素化しパックやラベルも廃止している。社屋近隣の農家を有機農家化することにも成功。社長のクラウス・ヒップ氏の社用車は植物油で走る古いベンツで、市内の移動は自転車ですませるという。

ロッキー・マウンテン研究所（RMI：Rocky Mountain Institute）：エイモリー・ロビンズが米コロラド州に設立した非営利団体。エネルギーの視点からみた持続可能性全般についての調査、出版、コンサルティング、レクチャー等を行なっている。

しかしここの外気はマイナス四〇度以下に下がることもあれば、冬の間は平均三十九日間雲に覆われ、太陽の光がまったく届かないこともある。それにもかかわらず、これまで二十六回バナナの収穫があった。この温室は太陽熱で暖められるパッシブハウスなのである。そこでは必要なエネルギーの一％分だけ、薪《まき》ストーブ暖房によって賄《まか》なわれているくらいである。

アイスランドでは地熱で温室を暖めている。ドイツ連邦環境省は、エネルギー分野においてさらにエコロジーの観点で有意義な選択肢にアクセスできるようにするため、地熱登記簿を策定させている。そうすれば冬にトマトをカナリア諸島から空輸する代わりに、ドイツの人口密集地域の中心地近くで栽培することができるだろう。つまり地熱暖房の温室で、である。

北の国の農政転換は、ただ農家という職業のもつイメージを多様で需要に応えるものにするだけではない。農村空間を保持するだけではなく、それと同時に動植物の生息・生育地を保護する側面も持ち合わせているのである。農政転換はとりわけ、飼料栽培による世界的な資源の無駄遣《づか》いを減らすのに有効である。あるいは北の農政転換は、補助金を受けたヨーロッパ産の桃が南アフリカの桃の生産をだめにしたり、補助金を受けている北の国からの穀物が、南の国の生産者の穀物を販売する機会を取り上げ、無理やり諦《あきら》めさせるといったような、愚かな行為をやめさせるのに役立つ。

森——世界の財産

持続可能な開発のための国際会議は、英語で World Summit on Sustainable Development（WSSD）

という。sustainable（サステイナブル）という言葉をドイツ語の nachhaltig（持続可能な）でうまく置き換えられるかどうかという話だけで、立派に議論が成り立つだろう。nachhaltig（持続可能な）はドイツ語の nachholend（遅れを取り戻す）という言葉のようなニュアンスに響き、Nachteil（デメリット）を連想させもする。※いずれにせよ、それは zukunftsfähig（将来性のある）だとか gerecht（公正な）という言葉と同じ意味だとは思われない。しかしながら喜ばしいことに、「Nachhaltigkeit = 持続可能性」という概念を知っている人々の数は増え続けている。二年前にはその数は約一三％だったのが、今日ではすでに二七％に達している。特筆すべきは、五九％の人が「持続可能」とは何を指しているかを知っていることである——たとえその言葉の中身まで理解している人が、そのうちの半数だけであるとしても。

ある分野においては、「持続可能性」について語ることが、まさに当を得ている——すなわち森林

パッシブハウス（passive house）：太陽光や熱、風等の自然エネルギーを受動的（Passive）に取り入れる造りになった家のこと。三重ガラスを用いたり南側に窓を大きく取るなど、断熱を強化することで室内の熱を逃げないようにする。省エネ効率が高い。

持続可能な開発に関する世界首脳会議（WSSD／World Summit on Sustainable Development）：二〇〇二年八月六日から九月四日まで南アフリカのヨハネスブルグで行なわれた国連主催の首脳会議。通称ヨハネスブルグ・サミット。

nach：ドイツ語で名詞や動詞などの頭について、「後続」、「追加」、「反復」、「模倣」などの意味を持つ接頭語である。

保全の場合である。「持続可能性」という概念は、もともと林業にその端を発している。それもすでに十九世紀のことである。しかしながら、私たちは森林保全に関して、世界的にその「持続可能性」からかけ離れてしまった。逆に私たちは、この人間の生活基盤が破壊されてゆく真っただ中に生きている。

森林、とくに原生林は、単なる樹木の集合体ではない。森は多くの種にそれらの生活圏を与え、さまざまな有用植物や薬草、さらには食用動物を提供し、酸素を生み、土に水を蓄え、ひとつの休息空間となる。さらに森は気候の安定化に寄与し、土壌を保全する。

森は、気候、水の管理、生物多様性の保持のための重要な機能を持っている。森は炭素を貯蔵し、それによって温室効果ガスの量を下げる。それゆえ、森林は**京都議定書のクリーン開発メカニズム**（CDM）において吸収源として認められているのである。

チェーンソーによる大量伐採

世界には今日、森林地帯はたった三八億ヘクタールしか存在しておらず、これは八千年前の森の半分の広さである。一次林と呼ばれる原生林の割合は、五〇％以下にまで落ちた。二秒ごとにサッカー場の広さの原生林の森が更地《さらち》にされている。熱帯地域では、一九六〇年から一九九〇年の間に原生林の五分の一が伐採された。

私たちは現在、統計上は九〇〇万ヘクタールの森を毎年失っている計算になる。しかしながら種の豊かな鬱蒼《うっそう》とした天然林の喪失は、実際それよりはるかに大きく、年間約一五〇〇万ヘクタール程度にものぼる。最もひどいのはアフリカにおける森林伐採で、その伐採規模は五三〇万ヘクタールであり、ラテンアメリカで三四〇万ヘクタール、アジアで二四〇万ヘクタールである。

致命的なのは、とくに熱帯雨林の減少である。熱帯雨林はとくに種の豊かな一次林で、赤道の両側にあり、そこでは少なくとも年間二〇〇〇ミリメートルの降水量がある。はっきりとした乾季はなく、一年中高い湿度と温度が占めている。段階的に植林された熱帯雨林は、一年から百万年に及ぶ年齢の生態系であり、動植物がさまざまな形で共生している、地球の歴史を示す生きた博物館である。

この地域では、場所によっては一平方キロメートルに一〇〇〇種の異なる生物種が生息している。そのような種の多様性は、ヨーロッパにはまったく存在していない。コスタリカなどでは、五万二〇〇〇平方キロメートルに一万から一万二〇〇〇種の植物が存在しており、それに対してイギリスでは二四万四〇〇〇平方キロメートルに、たった一五五〇種しか存在していない。研究者によれば、小国エクアドルには一万六五〇〇から二万種の植物が生息しているのに対し、ヨーロッパ大陸はたった一万三〇〇〇種程度であるという。コロンビアの**チョコ**では一〇メートル×一〇〇メートルの狭い地域

京都議定書：一九九七年十二月、京都で開催されたCOP3会議で採択された気候変動枠組条約の議定書。二〇〇五年二月十六日発効。先進各国は二〇〇八年から一二年の第一約束期間における温室効果ガスの削減数値目標（日本六％、アメリカ七％、EU八％など）を約束した。

クリーン開発メカニズム（CDM＝Clean Development Mechanism）：先進国が技術資金を提供し、開発途上国でその国の持続可能な発展を助ける温暖化対策事業を行ない、それによって排出削減された量を先進国の削減目標の達成に算入できる制度。

で、二〇八種のさまざまな樹種が研究者によって発見された――ヨーロッパ全体でもたった一九〇種ほどであるのに。またアマゾンには二〇〇〇から三〇〇〇種の魚がいるのに対し、ヨーロッパには約三五〇種しかいない。

熱帯雨林の動植物種は、これまでその一％以下しか発見されていないが、私たちはこれらの多様性と潜在能力をあらゆる形で破壊している。たとえば森林伐採によって今後五十年間で何百万種が絶滅の危機にさらされる。それはつまり六千五百万年前の白亜紀に起きたような絶滅の規模である。

過去四十年の間に人間は熱帯雨林の半分を破壊した。現存しているのはたった八〇〇万平方キロメートルだけである。人間がこのまま破壊を続ければ、熱帯雨林はあと四十年で跡形もなく消えてしまうだろう。コートジボアールやインドには、森林がもともと存在していた分の一〇％しか残されていず、タイは一七％、コスタリカが二五％、ナイジェリアおよびコロンビアは四〇％、ブラジルは五五％である。今日、熱帯雨林の破壊が最も深刻な地域は、アマゾン地方とインドネシアである。

危険をもたらしているのは木材業者だけではない

グローバリゼーションによって、森林への脅威が増大している。森林伐採は数ある脅威のうちの一つにすぎない。地域や世界規模の被害と比べて、国際的な木材売買が経済に占める量はむしろ少ない。すなわち一九九四年では一一四〇億ドルで、世界の**政府開発援助**（ＯＤＡ）の年間資金の二倍程度である。それに対して、毎日一五億ドルの外貨取引が行なわれている。木材の取引価格は森林の価値と比べて、ばかばかしいほど安い。持続可能な林業においては、取引される木材の量は減るが、木材の価格はより高めで、自然産品の価値に見合ったものになるだろう。

だが、少なくとも別の利用目的によって森が脅やかされている——まさに木材業者や製紙業者が使うチェーンソーによって。確かに、伐採された木材はただの副産品であることもしばしばで、その木材自体がまったく使われない場合もときどきある。

エクアドルでは、ノルトライン＝ヴェストファーレン州の州立銀行の多額の融資によって、国立公園のど真ん中で油田が採掘されている。ユネスコ（国連教育科学文化機関）の保護下にも置かれている**ヤスニ国立公園**のそばにさえ、パイプライン建設の手が延びている自然保護区域および水域保護区域が一〇カ所ある。そこでは二〇〇三年以降、年間四五万バレルの原油を沿岸に輸送することになっている。このパイプラインは、地理学上でいう土地の断層線を横切り、活火山のそばを通っている。パイプラインが破裂すれば、唯一無二《ゆいつむに》の生態系が破壊され、飲料水や河川は汚染されてしまうだろう。魚はこの地域の人々にとっての最も重要なタンパク源であるにもかかわらず。

チョコ（Choco）：コロンビア最西端の、太平洋および大西洋の両大洋に面した海岸地域。パナマと国境を接する。

政府開発援助（ＯＤＡ＝Official Development Assistance）：開発途上国の経済開発や福祉の向上を目的に、先進国政府から途上国へ流れる公的資金。

ヤスニ国立公園（Yasuni National Park）：エクアドルを代表する国立公園。九八二〇キロメートルの広大な敷地は、一九八九年にユネスコによる生物圏保存地域（Biosphere Reserve）に指定された。本文にあるとおり、同地域内に油田があり、石油採掘権をめぐって論争が起きている。

そのうえ金やボーキサイト、ウランの採掘によって、原生林がひどく破壊される。採掘の際に流出する化学物質が河川や飲料水を汚染する状況は、製紙工場やパルプ工場から化学物質が流出するのとまさに同じ事態である。

森――人類文明の基盤

森林伐採は、「単に」エコロジー上の問題を先鋭化《せんえいか》させているだけではない。それは単なる自然保護の問題でも、種の多様性の保持だけの問題でもない。森は、人類文明のひとつの基盤なのである。

人類の歴史には、高度な文明が自分たちの森を破壊した後に崩壊したという例が満ちあふれている。トルコを旅行する者は誰でもエフェス、すなわちかつての**エフェソス**を訪れるなら、そのイメージが湧くだろう。そこはかつて海沿いにあり、栄えた都市であった。そこには運河が開かれた――それは、中央ヨーロッパでは中世以降にようやく知られるようになった偉業であった。住民は、大きな公衆浴場を使うのが好きであった。風呂やサウナには大量の木が燃料として使われた。船の建造や他の経済活動が、材木の需要を急速に伸ばした。山の木の伐採に伴って起きる土壌浸食によって、陸土はどんどん海に押し流されていった。そしてエフェソスでは陸地が干上がり、もはや海沿いの都市ではなくなり、やがて淡水の流れる河川地域もしくは沼地沿いの都市となった。あとはマラリアがとどめをさした。このかつて花開いた都市は、住民に見捨てられたのである。

森林伐採は過去に繰り返しその報いを受けてきた。中国では七世紀、北西部の原生林を伐採したため、土地が荒れ果てた後、北西部から南東部に経済圏・文化圏が移動した。

西暦九〇〇年頃の、グアテマラとホンジュラスの国境にあったマヤ文明の崩壊も、同様に農業による森と水循環の劣化《れっか》が原因である。研究者の学説によれば、エチオピアの高地にあった**アクスム王国**でもまた、最初に森を、その後に良い土壌を失った後、彼らは権力を失ったという。

熱帯雨林の保全は単にエコロジーおよび気候政策上の理由から必要であるだけではない。そうではなく、それは公正さの問題――まさにいたるところでの生き残りの問題でもある。たとえばブラジルのアマゾン盆地には、二十世紀初頭にはまだ一〇〇〇万人以上のインディオが暮らしていた。今日、二十一世紀の初頭では、たった二〇万人しかいない。広大な熱帯雨林地域の破壊は、インディオの人々すべてを死に追いやるのである。

森なしでは、私たちの文明もまた生き長らえないだろう。森は私たちの地球の肺である。肺はCO_2を排出し、森は酸素を作るので、この例は確かにしっくりとはこないだろう。しかし地球は呼吸するのに森を必要とし、私たちの肺は緑の肺である森を必要としているのである。

森を救う

このための重要ポイントが三つある。それは第一に、保護林ネットをめぐらすことによって一次林

エフェソス（Effesos）：現在のトルコ西部に位置する小アジアの古代都市。アルテミス崇拝で知られたギリシア人都市。現在、遺跡が残っている。

アクスム王国：一世紀から七世紀頃にエチオピア高原に栄えた商業王国。アラビア半島の南端から移住してきたセム系のアクスム人がアビシニア高原に建てた。紅海における交易の中心地であった。

の保全を確保すべきだということである。原生林の保全とならんで、地球全体および地域の気候を安定化させるために、砂漠化に立ち向かうために、森林面積を広げなければならない。第二に、違法伐採とその木材から作られた製品に対して、私たちは地球規模で反対しなければならないという点である。そして第三に、これからは家具だろうが、紙だろうが、持続可能につくられた森林産品だけが世界中で取引されるよう配慮すべきだということである。さらには消費者が自覚的に意思決定できるように、私たちにはそのような国際比較基準に基づいて作られた製品であるという明確な表示方法が必要である。

保護林ネットワーク

世界的な原生林保全のためのネットワークが必要である。ただしそれは、けっして商業利用されてはならない。たとえ熱帯雨林のたった一本の木を切り倒したとしても、甚大《じんだい》な損失を招く。というのも、重機が土を固め、倒された原生林の巨木につくツル科の植物や、樹幹に「着生」する植物をも一緒に切ってしまうからである。木材の空輸もたいていは森林損失の原因となっている。

とりわけ、自然利用されている森と保護林とのバランスの取れた関係が必要である。保護対象の一次林では、道路やパイプラインの建設および採掘もずっとタブーにされなければならない。なぜならどの伐採地も、どの道路も、木材業者や土地を持たない人々が侵入しやすい場となるからである。そこでは木材業者が原生巨木を倒した後に、土地を持たない人々が、少なくとも数年間は自給自足できる耕地を得ようと、焼畑を営むからである。

これらの森林保護区とならんで、私たちは生態系が機能的に保たれるよう管理されている地域を明示する必要がある。たとえば準天然林の生態系には、大規模な動植物の多様性が存在しているだけではない。準天然林の基盤となっているのは、あらゆる年代の樹木なのである。準天然林には、死木も存在している。キノコやコガネムシは死木の中に糧《かて》を見いだし、死木自体も他の樹木の糧《かて》となる。動物は植物に対し大きな機能を果たし、その逆もまた然《しか》りである。森はそれ自体、人間が再適応すべきひとつの循環型経済である。自然に配慮した林業は、これらの多様性を破壊せず、生態系全体を破壊せず、生態系のうちの限られた分だけを借用している。

南の国の文化は、現存する森林の保全や、植林、さらには自然に配慮した林業経営に関して、極めて異なる前提をもたらした。一般的ではないが、コロンビアのインディオのように、いまだなお伝統的な知恵を持ち、しかも政府によってその土地居住権が保証されているようなケースが存在する。

別の一例が**レソト**である。ここでは飼料用の土地を手に入れるために、十八世紀にすでに伐採が行なわれていた。樹木は、この国ではもう長い間それらを保全する習慣がないほどわずかとなっている。植林プロジェクトにおいて重要なのは、ありがちな技術的問題を克服することだけではなく、とくにその地域に住む専門家が地域住民を助ける必要があるということである——すなわち最初の数年間の苦しい時期を耐え抜き、自ら植林の意義に気づくまでである。植えられた木の樹幹が土中の水分の蒸

レソト：レソト王国。アフリカ南端部にある国。周囲を南アフリカ共和国に囲まれた内陸国。

発を減らすほどに生育し、表土が再び腐植に富み、実りを多くもたらすようになり、水を長時間保持できるようになって初めて、その地域の住民はこの植林プロジェクトのメリットを本気で確信するようになる。

あるいはまた別の例であるが、パプアニューギニアに生育する約三〇〇〇種のラン、一一五種のカエル、卵産の哺乳類、樹上に住むカンガルーそのほか地方特有の、この地域だけにしか存在しない種の動植物を守ろうとするならば、木材業者による皆伐《かいばつ》を阻止するだけでなく、住民に森林保全への関心を持たせ、地域住民に資源を無駄にしない農業法を伝授し、実現させねばならない。

社会林業プロジェクトは、原生林の不使用に対する補償として、部分融資もしくは初期融資を実施している。たとえばアマゾン地方では、インディオがココヤシ繊維《せんい》から車のヘッドレストまでを製造している。そうした収入源をつくりだす方法には、さまざまな可能性が存在している。しかし、この社会林業アプローチはつねに地域住民の一部を援助しているだけである。そこで私たちは別の、森林に依存しない収入源を開拓しなければならない。

すでに証明されている通り、森林保全のためのプロジェクトや自主的植林のためのプロジェクトは、地域住民の要求に対して、安定した経済的見通しが保証される場合にのみ成功する。ドイツ政府は、そうしたプロジェクトに一二五億ユーロ以上を毎年支出している。とりわけドイツ政府は、**地球環境ファシリティー（GEF）**が、今後四年間で二〇億ドルに代えて、計二七億ドルを任意に提供できるよう、次期資金充塡《じゅうてん》の際に自国の分担金を引き上げるつもりであると表明した。GEFとは、気候保護や多様性の保護、さらにまた有毒化学物質の撲滅のためにも支出される基金である。

森林保全は建設業界から始まる

しかしあらゆる森林保全事業や、再植林事業のもつ意図に反して――森林の喪失はますます急速に進んでいる。そしてこの森林の喪失は南の国々に限ったことではない。

大規模なやり方での森林伐採が、カナダ、アメリカ、そしてロシアで行なわれている。しかしその森には熱帯林にあるような種の豊富さはない。今日ロシアには、手付かずの一次林と評価される森林はわずか一四％しかない。森林の大部分がパイプラインや鉄道、道路、採掘のために切り尽くされた。カナダは首尾よく一〇万平方キロメートルの原生林をモデル林として保護下に置いたが、それ以外の場所では政府は平然と皆伐《かいばつ》を進めている。北アメリカでは、年間一〇〇万ヘクタールの一次林が消えている。

北の国にある森林は、重要なCO_2吸収源である。自国で森林伐採に携わる者は、地球全体の気候

社会林業（social forestry）：森林管理手法のひとつで、森林の管理を地域住民の参加によって行ない、そこで得られる利益などを住民に分配するという方式。ＦＡＯは一九八七年から地域住民の森林及び管理能力を強化することを目標に、「森林、樹木、人々の計画（ＦＴＰＰ／Forests, Trees, and People Program）」というプログラムを実施しており、一二五カ国に及ぶ一万以上の機関や個人が支援を受けている。

地球環境ファシリティー（ＧＥＦ：Global Environment Facility）：アルシュ・サミットの議論を受け、開発途上国における地球環境保全への取り組みを支援するための追加資金を提供するために発足した新たなメカニズム。原則として無償資金を供与する多国間援助のしくみ。

に対して重要な森林を破壊していることになる。それゆえ彼は南の国々に対して、地球全体の利益のために自国の森を守るべきだとは要求できない。北の国における乱伐もやめなければならない。

こうした森林保全は、さまざまな地域で実施されねばならない。これは一見、逆説的に聞こえるかもしれないが、森林保全はとくに森林のない地域で行なわなければならない。すなわち、都市や工業地帯においてである。グローバル・プレーヤーとしての消費者は、森林保全に関して重要な役割を演じている。森林の一部は、紙や箸《はし》などの使い捨て製品のために、タバコやタバコの箱、肉、果物、コーヒーを生産するためにも伐採されるからである。

木が適切に伐採されたのか、それとも違法に伐採されたのかを、木材購入者に対して透明にするために、FSCラベルが開発された。このマークは国際統一規格に基づいている。この森林地帯の認証制度には、環境団体や労働組合が加入している。このラベルが他のマークと違うところは、FSCでは森林所有者自らが認証するのではないという点である。それゆえFSCは持続可能な林業によって伐採された材木を表示する、世界中で通用するマークなのである。

そんな中でも、FSCによって認証された森林から産出された木材製品しか取り扱わない、先駆的な企業がある。ドイツでこれに当たるのは、大手建設資材チェーンのOBIである。彼らはこれを実践したために、ドイツの森林保有者組合からひどく罵倒された。しかしFSCのおかげで、顧客はそれぞれ、自分のベランダや庭の家具の硬材が、乱伐によるものか、違法伐採によるものか、それとも持続可能に管理された森林に由来するものかを、ひと目で確認することができる。また世界の大手家具チェーンのIKEAはさらに、認証林だけを加工するよう要求している。

熱帯雨林保護のために、ドイツ政府は一九九八年、連邦調達局に対し、建設事業で熱帯林が使われる場合、それは持続可能な森林管理にもとづくべきであると指導した。ＥＵ域内市場規則もこれに対立するものではない。つまり熱帯林の場合、認証基準を満たした木材しか利用できないという規則である。ＥＵは、そもそも生物多様性条約の加盟国連合である。それゆえＥＵはこの規則に従わなければならない。

ドイツ政府は、改正連邦自然保護法によって、ドイツ国内のすべての林業事業者に対し、相当度の専門的手法の実践を義務づけた。カナダにおけるような皆伐《かいばつ》はこれにより禁止された。この法律の目的は、準天然林を再生し、それらを持続可能に管理することである。

ブレーメンにいた子供の頃、私は**ハルツ**のことを最もすばらしい山地または森林区だと思っていた。父親に連れられて一度**オルデンブルク**近郊の**ハスブルッフ**に行った時までは。そこには何十年も

ＯＢＩ：テンゲルマン（Tengelmann）グループに属する、ドイツ大手の建築資材メーカー。本部はドイツ西部、ノルトライン＝ヴェストファーレン州のヴェルメールスキルヒエン（Wermelskirchen）。

ＩＫＥＡ：世界に展開するスウェーデンの大手家具チェーン。名前は創始者と発祥地に由来する。一九四三年創立。

ブレーメン（Bremen）：中世のハンザ同盟都市として知られるドイツ北部の古都。「ブレーメンの音楽隊」で知られる。人口約五四万六〇〇〇人。

ハルツ（Harz）：ドイツ北部の中央にある山岳地域。ハルツ山地。三つの州にまたがる国立公園指定地域。最高峰はブロッケン現象で有名な「ブロッケン山」（標高一一四一メートル）。

放ったらかしにされていた森があった。この「原生林」で私が気づいたことは、森とは、一列で同じ高さに生えているドイツトウヒだけで成っているのではないということだった。森は、さまざまな年代の、まったく異なる種類の木から成っているものなのだ。

遅くとも酸性雨が原因でドイツトウヒが死滅して以降、ハルツに天然林が存在しないことを、私たちは皆知っている。誇張して言えば、以前に銀の採鉱用に使われていた土砂の堆積場所にドイツトウヒをプランテーション栽培したことは重要であった。だからそれだけ余計に喜ばしいのは、ハルツには今日、国立公園が存在し、その自然が徐々に本来の中級山岳地帯の森林を形成してきたことである。

この発展途上にある国立公園は、改正連邦自然保護法によって、ついにチャンスがまわってきた。森に感謝、そして旅行者がここで自然の森に出会えることに感謝しよう。その後、この森はますます発展し、かつて絶滅した動物種もまた、ハルツに再び自らの生活圏を見いだせるまでに回復してきた。十九世紀には、大きな角笛の合図とともにドイツの最後のオオヤマネコが仕留められた。今日では、この動物が再びハルツに定住している――すなわち一四匹のオオヤマネコが野生に返されたのである。これは、オオヤマネコが自然の中で生き延びる可能性があることを示している。このオオヤマネコは、ハルツの原生林再生のモデルケースとなっている。

オオヤマネコのような種や、他の種が生き延びる機会を持てるように、森は彼らが居住地を移動する際の中継地点となる必要がある。したがって改正連邦自然保護法は国立公園だけでなく、他の保護地域も新たに指定している。この法律はまたドイツ国内で、ビオトープのネットワークを構築し、そのためにドイツ全土の最低一〇%の土地を利用できるようにすることを規定している。

商業目的で利用されている一部の森林には、相当な専門的手法による基準が適用される。その土地固有の木を植える割合を高くし、これ以上プランテーション栽培はやめるべきである。毎年需要のあるクリスマスツリーの植林も制限せねばならないだろう。それゆえ、私たちは将来的には再びさまざまな種類の広葉樹林を植えなければならない。ほとんど忘れ去られているドラゴンツリーのように素晴らしく美しく、黒くて硬い樹種を植えなければならない。このドラゴンツリーや他の古い果樹種を植えることで、森林所有者はとにかくかなりの利益をあげられる。私の選挙区である**ゲッティンゲン**の町に広がる森は、ここ数年来、持続可能な管理がなされている——そしてこの森はここ数年来、市の財政に利益をもたらしているのである。


オルデンブルク(Oldenburg):ドイツ北西部、ニーダーザクセン州の都市。ブレーメンの西側にあり、人口約一六万人。

ハスブルッフ(Hasbruch):オルデンブルクの東側二〇キロの位置にある町。森林保全地域に指定されている。

ドイツトウヒ:学名 Picea abies 日本では「ドイツ松」としても知られ、ヨーロッパを代表する針葉樹のひとつ。クリスマスツリーの材料ともなり、ヴァイオリンなどの弦楽器の材料として使用される。

ドラゴンツリー:竜血樹。カナリア諸島原産の高木で、現地では樹齢四百年、高さ二〇メートル、幹の周囲が一五メートルもの巨樹になるものもある。

ゲッティンゲン(Göttingen):ドイツ中央部、ニーダーザクセン州東部にある大学都市。人口約一二万人。グリム兄弟で有名な歴史のあるゲッティンゲン大学がある。

自然の弁護人のための訴訟権

森林や種の多様性の保護は、その国だけに委ねることはできない。それらの保護には、それぞれの利害に関わっている人々を投入しなければならない。南の国において重要なことは、昔から森に住んでいる人々に彼らの土地所有権を与えること、および彼らの権利を拡大すること、彼らの利益を代弁することである。すなわち、教育やインターネットへのアクセス、法律相談、無償で弁護士あるいは**グローバル2000、ロビン・ウッド**、FIAN、グリーンピースといったロビイ団体と連絡を取れるようにすることが重要である。

自然には、その権利を代弁する弁護人が必要である。そのため今ではドイツ全土に団体代理訴訟権が存在している。**ドイツ自然保護同盟**（NABU）は、たとえば希少種の鳥類の抱卵《ほうらん》地域を通る、一部のアウトバーンの建設に対し、訴訟を起こすことができる。参加に積極的な市民の中で、おそらく数名の市民だけは結果を恐れるあまり、地元で訴訟を起こそうとしないだろう。あるいは問題の土地がすべて、すでに公の手に押さえられていて、周辺住民がまったくいなくなってしまったか、原告適格者となる市民が存在しないケースがある。しかし、その際にも当事者市民が、ある環境団体に情報提供すれば、この団体は改正自然保護法にもとづいて訴状を提出することができる。

そのための条件とは、その環境保護団体があらかじめ国から認可されていることである――ただしドイツの大きな団体のすべてはこの条件にあてはまる。さらに、その団体が当初からこの訴訟に積極的に関与していることも条件となる。

団体代理訴訟権の意図は、できるだけ多くの訴訟を行なわせることにはない。その意図はむしろ、できるだけ早い計画段階から、たとえば森林保全のための必要不可欠な自然に関する座標軸を考慮させることにある。団体代理訴訟権は、自然の弁護人に権限を与えることで、計画策定の際に自然に力強い声を与えるのである。

改正連邦自然保護法は、**バイエルン州**や**バーデン＝ヴュルテンベルク州**や**フォアポンメルン州**にある、他地域でもすでに知られているような自然保護団体に権限を与えてきたというだけではない。こ

グローバル２０００：国際的な環境団体のネットワークＦＯＥ（Friends of the Earth International）のオーストリア支部。現在の主要テーマは遺伝子技術、核、水力発電所。

ロビン・ウッド（Robin Wood）：ドイツ・ブレーメンにある環境保護団体。一九八二年、森の死に立ち向かうべく結成された団体。現在は森林、熱帯林、持続可能な材木調達、エネルギー、交通をテーマに活動。

ＮＡＢＵ（Naturschutzbund Deutschland e.V.）：ドイツ自然保護同盟。会員数三九万人を超える自然保護団体。一八九九年に野鳥の会として誕生した。現在は、生態系や種の多様性の保全、自然保護活動の啓発などを主要テーマとしている。

バイエルン（Bayern）：ドイツ最南部にある州・地域。州都はミュンヘン（München）。オーストリア、チェコと国境を接する。昔からカトリック教徒が多く保守的な土地柄として知られる。

バーデン＝ヴュルテンベルク（Baden-Württenberg）：ドイツ南西部の州。ライン川を挟み、フランス、スイスと国境を接する。シュヴァーヴェン地方（Schwaben）としても知られる。州都はシュツットガルト（Stuttgart）。

フォアポンメルン（Vorpommern）：ドイツ北東部、旧東独地域の三分の一を占める地域。バルト海に面しており、ポーランドと国境を接する。

の団体代理訴訟は、グローバルなレベルにおいて、たとえば先住民が熱帯雨林を守るのを支援するモデルとなっている。すなわちWWF、グリーンピース、ロビン・ウッド、FIANもしくはUNEP（といった環境保護団体）は、地元の住民から情報を得られれば、多国籍企業に対し、その森の住民や森自体を代表して権利訴訟を起こすことができる。それはこれまで、国家の訴訟権しか規定していない市民法を根拠にするかぎり、不可能であった。重要なのは、こうした訴訟を扱う調停裁判所がどれだけの権限を持つかである。調停だけなのか、決定権があるのか、制裁措置を科すまでの権限をもつのか――そうした裁判所がハーグの国際法廷に設置されるか、発展中のUNEPの権限部門の下に置かれれば有難いのであるが。

この森林保全がグローバルな正義の前提条件であるのと同様に、熱帯雨林の保護もまたグローバルな正義の前提条件である。というのも、干ばつや気候変動は私たちよりも赤道周辺に住む人々に対し、はるかに多くの深刻な被害を与えているからである。

第4章

自覚的な世界市民になる——グローバルに行動する

私たちは皆、ときには理性的であるとはいえないような行動に出るものだと考えがちである。もしそうでなければ、私たちはこれほど頻繁に喫煙したり、飲酒をしたり、または他の嗜好品を追い求めたりはしないだろうからである。

しばしば主張されていることとは違って、私たちは無知であるがゆえにこうした行動はとらない。私たちは、過度の喫煙が血管を傷つけ、発ガン原因となることを知っている。私たちは、過度の飲酒が肝機能障害の原因となることを知っている。私たちは、ファーストフードを食べ続ければ肥満を招くことを知っている。それ以上の善処法を知らなかったという理由で、このような悪しき結果に至る人は誰もいないだろう。

地球資源の保護は、まさにこのような問題である。人類は知識不足が原因で苦しんではいるのではない。天然資源の浪費と濫用は誰もが周知の事実である。原始林の乱伐や漁業資源の乱獲、気温のオーバーヒート現象――私たちは、こうした諸々の危機的事態について知っている、いやそれどころかすでに私たちはその結果の一部を自分の身体で経験済みである。ところが知識がもっとも豊富で、この自然の因果関係に関する専門知識がもっとも発達しているところ、すなわち北の「最先進諸国」が、天然資源を最大に浪費しているのである。

しかしながらすでに自分の嗜好品《しこうひん》に浸り、それによってますます自分自身の習慣をエスカレートさせてしまった人に対しては、禁止命令はほとんど効かない。節制、禁欲はわずか少数の人々にのみ可能である。人は喫煙や飲酒を大晦日になって絶ったとしても、カーニバルの際には再び解禁にする。私たちはこうした多数の人々に対する処方箋を必要とするのである。

ここでの戦略的な問いかけは、こうである。私たちはいかにして、グローバル・プレーヤーのすべてが、自らの手で賢明に行動するよう働きかけられるか？　あるいはいかにして、週に一度の自覚的習慣を、毎日の習慣に変えることができるか？

これらはむろん個々の人間に対する問いかけではない。そして世界中の上層階級に属する人々のみがグローバル・プレーヤーではない。グローバル・プレーヤーとは、人々に選ばれた政府であり議会でもある。グローバル・プレーヤーとは、巨大な多国籍企業である。グローバル・プレーヤーとは、UNEPからWTOに至るまでの巨大な国際機関である。グローバル・プレーヤーとは、WWFやグリーンピースやATTACのようなNGO組織である。労働組合もまたグローバル・プレーヤーとなるはずである。

これらのすべてに対しては、個々人の禁断や禁欲といった処方箋ではけっして対処できるものではない。ビッグマックや缶ビールといった嗜好品《しこうひん》の代わりに、野菜のふんだんな地中海料理とワインを食するといった行動療法的な啓発も、ここでは残念ながら何の役にも立たない。

以上のさまざまなグローバル・プレーヤーは、それぞれ異なった形で勢力を有している。そこでまた次のような疑問が生じる。つまり私たちはどんなプレーヤーを奨励・強化し、どんなプレーヤーの

ATTAC（アタック）：「市民を支援するために金融取引への課税を求める団体（Association for the Tobin Tax for the Aid of Citizens)」の略称。一九九七年にフランスで設立された国際的な反グローバリゼーション運動団体。投機的金融取引への課税（いわゆるトービン税）を主張し、タックスヘブンの廃止、不労所得への課税の強化などを訴えている。世界社会フォーラム（WSF）の主催団体のひとつでもある。

影響力を制限・抑制すべきなのか？

これらのグローバル・プレーヤーは、自身がそれぞれ異なった形で影響力を与えられることを自覚している。権力をもつグローバル・プレーヤーでさえ、自ら自由に決定できず、競争、競合や他の勢力との凌《しの》ぎ合いにさらされている。世界市場は彼らの生産物で支配され、古いスタイルの農業経営者が締め出されてきた。グローバルな市場はまた、グローバルに展開する多国籍企業によって支配されている。そこで、私たちはこの市場の目に見えない力をどこで制限すべきか？　という問題が生じる。

それにはいくつかの実例や先行事例がある。諸々の先行者――先進国家、先進的機関、先進的メディア、先進企業、先進自治体、さらにとりわけ積極的に社会参加している多くの市民が存在している。彼らはグローバルだが未だ少数勢力である。

『成長の限界』の著者である**ドネラ・メドウズ女史**は、七〇年代初めにすでに「地球市民」について語っていた。この『成長の限界』が著された三十年後、さらにグローバリゼーションが始まって十年後の今、とりわけ北の国々の人々は、次のような問いを立てなければならない。すなわち「私たちはなぜ過去三十年の間、自分たちは世界市民であるという意識を発展させられなかったのだろうか？」と。

というのも、私たちが世界市民を意識することによって初めて、成長する世界人口に対応できる、そして人間らしい持続可能な一つの世界で生活することを可能にする政治や経済活動、ライフスタイルが構築されうるからである。

グローバルな諸勢力

この世界市民であるという意識は、グローバリゼーションに対してエコロジーと公正さという枠組みを規定させるものになるだろう。その際、この世界市民の意識は激しい紛争に直面する。それはまずセーフガードに関わる紛争になるだろう。というのも現在、短期的利益に優先順位を与える諸勢力と、地球環境およびグローバルな公正さの維持を優先的に求める諸勢力との間に、絶望的ともいえる勢力格差が存在しているからである。

これは多国籍企業とNGOとの勢力格差のみならず、北の富める国々あるいは大企業に対する力の

『成長の限界』（"The Limits to Growth"）：一九七二年、政策シンクタンク「ローマクラブ」が発表した地球環境に関する現状報告書。ローマクラブが当時のマサチューセッツ工科大学（MIT）のデニス・メドウズ助教授らに委託した研究の成果をまとめたもの。このまま現状の経済成長が続けば、人口増加や環境悪化、エネルギー資源の枯渇が起き、百年以内に地球上の成長は限界に達すると警鐘を鳴らしたもの。破局を回避するためには、地球が無限であるということを前提とした従来の経済のあり方を見直し、世界的な均衡を目指す必要があると論じ、地球環境問題に対する先駆的業績として世界中に大きな影響を与えた。邦訳：『成長の限界——ローマ・クラブ人類の危機レポート』ダイヤモンド社、一九七二年刊。

ドネラ・メドウズ（Donella H.Meadows）：一九四一年生まれ、二〇〇一年没。アメリカの環境学者。『成長の限界』を執筆した、MITのコンピュータモデル「ワールド3」の開発チームのひとりとして知られる。

ない南の貧困諸国との勢力格差でもある。このことは国際機関においても——たとえば世界貿易機関（ＷＴＯ）と国連環境計画（ＵＮＥＰ）との間の力関係についてもあてはまる。ヨハネスブルクの会議（地球サミット）は、この力関係を変える具体的な第一歩となるだろう。

ＷＴＯ——グローバルに展開する企業の力強い味方

リオ（環境と開発）、コペンハーゲン（公正）、北京（女性の権利）での大きな世界会議とならんで、一九九四年のマラケシュでのＷＴＯの設立が、国際的なグローバリゼーションの構築を試みた重要な出来事のひとつに数えられる。ＷＴＯは自由貿易の強力な擁護機関として理解されている。そしてＷＴＯは他の国際条約——たとえば国際労働機関（ＩＬＯ）の諸規則や、これまで取り決められた膨大な数の多国間の環境保護条約あるいは消費者保護条約、健康保護条約などと利害上の衝突を招いている。有名な例では、合成ホルモンによりつくられた子牛の肉を欧州市場に持ち込むことを禁止した欧州議会の議決に関する論争があげられる。

ただしつねに貿易が環境に先行しているわけではない。ＷＴＯにおいてもそうではない。だからアメリカはウミガメの（漁網による）混獲に対する保護措置を行なわない国々からのエビの輸入を禁止した。インドやマレーシア、タイその他の国々はこれをＷＴＯルール違反だとみなした。ＷＴＯの調停委員会による判決においては、アメリカ側の環境政策上の理由による輸入禁止が認められた。だが、この個別事例がその後の裁判に影響を与えうるものとなったかどうかについては、評価を待たねばならない。

ＷＴＯにおいては、このような数え切れない係争事件がたえず発生し、ＷＴＯ自体、環境や公正さの基準よりも自由貿易を優先させることに懐疑的になり始めている。これはしばしばＮＧＯや南の多くの国々による単刀直入なアピールをますます促《うなが》す結果となった。ＷＴＯ委員会における自由貿易への要求は、北の国々による南の国々に対する一方的な要求ではないか、という疑念にもとづく批判が先鋭化したのである。

グローバル企業に有利なＴＲＩＰＳ

その一例が、ますます技術革新のサイクルが早まっていることに示されるグローバル経済において、ますます重要になってきている諸製品に対する知的所有権の取り扱いである。ＷＴＯはこの知的所有権を、**知的所有権の貿易関連の側面に関する協定**（ＴＲＩＰＳ）を通じて規定している。しかしながらそこでは平等な権利が不平等なスタートラインのうえに適用されるという問題が生じている。すなわち特許の九八％は北の国々が所有しており、それは北と南の国々の間の溝を果てしなく押し広げている。たとえばエイズである。欧米におけるＨＩＶ感染者は、アフリカのＨＩＶ感染者よりも何倍もの高い生存可能性と生活の質を得ている。潜在的に相当多くの人々がエイズに感染している地域では、感

知的所有権の貿易関連の側面に関する協定（ＴＲＩＰＳ：Agreement on Trade-Related Aspects of Intellectual Property Rights）：一九九四年にマラケシュ合意とともに成立した「ＷＴＯ協定付属書１Ｃ」の別称。ＷＴＯ加盟国に対し、保護対象として著作権、登録商標、地理的表示、意匠、特許、集積回路の回路配置、開示されていない情報の保護などを求めた規定。

染者はより短期間に死亡している。その理由は、このエイズという病気を抑える薬が彼らには高額すぎて手に入らないからである――それは貧しい人々のみならず、教師や医者、看護師でもそうである。数年前に南アフリカが、調合法は知られているが特許によって保護されているエイズ予防薬を独自で製造したと発表した際に、当時のアメリカ政府が、ただちにあらゆる外貨換金の停止措置でもって脅してきたのである。

この事件は南アフリカの法廷で争われた。ここでは南アフリカと国際医薬品企業とが係争することとなった。すなわち南アフリカが特許製品であるＡＩＤＳ予防薬を複製し、独自に製造することの是非をめぐってである。

そうこうするうち二〇〇一年、ドーハにおいて開催されたＷＴＯ会議でこれに関する法律が制定された。すなわち一国が国家存亡の危機に立たされている場合は、特許の保護は認められないと。これはグローバルな正義の立場にとって有利な方向性を示す判決であった。

さらに公正な説明を必要とする、別の問題が生じた。それは、発見とはいつの時点から発見といえるのか、という問題である。たとえばウコンのケースである。

インドではすでに何世代にもわたり、ウコンを添加すれば、脂肪だらけの肉でさえ食べることができると知られていた。ウコンは、脂肪が体内および血管内で蓄積するのを防ぐからである。確かにインドの人々はこのウコンの効能を科学的には解明してこなかった。ところがこれを追従した企業が特許を申請したのである――ただしその企業は何も新たには発見せず、ウコンの効能を証明したにすぎなかった。しかしこのケースでは、インドの弁護士たちは、企業の特許を認めさせることに成功した。

北の国々の地域限定的な知識すなわち学問体系を、あたかも唯一妥当する知識であるかのように説明すること、さらには南の国々の地域限定的な知識すなわち経験知を、取るに足りないものとして一掃することは、公正ではない。もとの発見者が、解明者たちの特許に対して訴えなければならないというのは、何かおかしなことである。もちろん科学的な証明作業は独自の成果として保護されねばならない。しかし発見や経験知といったものもまた保護されるに値する財産である。当然ながら、発見も証明作業もともに共通の保護対象である。そしてそこから獲得された科学的利益は公正に分かち与えられねばならない。

ＷＴＯの緑化

ＷＴＯのような非常に強大なプレーヤーに予防原則を義務づけることは、地球環境の保護にとっても、またグローバルな正義という意味でも必須事項である。先のエイズ予防薬の例が示していることは、個別のケースでは予防原則の義務づけは可能であるが、同時に多くの火種が生じることを予め心得ておく必要があるということである。

一九九九年、シアトルでのＷＴＯ開催中のグローバリゼーション批判のアクションは、ＷＴＯ内部に不安定要因をもたらした。同時に欧州の市民は、ＷＴＯが将来の国際的な、多国間の公正さおよび環境に関する基準を尊重するべく、共通の努力をするよう促《うなが》してきた。児童労働を禁止することは貿易の障害にはならない。その反対に、児童労働は競争を歪めるものである。再生可能エネルギーの促進による温室効果ガスの削減は、補助金政策などではなく、地球温暖化とたたかうための国際法である京都議定書の実践なのである。

最近のＷＴＯの**ドーハ・ラウンド**は、自由貿易の要求と多国間の環境協定の拘束力とのバランスを、次のＷＴＯ貿易ラウンドのテーマとすることに成功させた。この前進が成功したのは、ＥＵ諸国が一致団結して、自身の立場を明確に強調したからである。

これによって、ＷＴＯ内部においてもまたグローバリゼーションにエコロジーと公正さの枠組みを与える道が示された。この枠組みの内部でこそ貿易は自由となるのである。

企業との対話

グローバル・プレーヤーが、より大きなグローバルな正義を達成する方法は、国際的に展開する企業と対話することである。グローバルに展開する企業はこれを責任として引き受けねばならない。

企業を動かし、海外でもエコロジーで公正な責任ある企業体制に移行させるための、さまざまな試みが存在している。たとえば**官民パートナーシップ**（ＰＰＰ）、自主的なコンプライアンス（法令遵守義務）の実践、企業倫理、あるいは国連の**グローバル・コンパクト**などがそうである。外国貿易に対する、あるいは輸出に関する国家保証の供与に対するガイドラインも、ここでは同様に一定程度の機能を果たしている。

グローバル・コンパクト

国連事務総長のコフィ・アナンは、このグローバル・コンパクトによる、国連と企業との間の世界規模での発展的パートナーシップを提唱した。一九九九年に、彼はダボスの世界経済フォーラムの場でこれを要請した。二〇〇〇年七月に、このグローバル・コンパクトは公式に発足し、二〇〇一年十月にその第一段階は終了した。

この条約には、さまざまな原則が並べられている。たとえば企業は自ら人権侵害に加担しないこと、そして企業はそれを超えて人権保護に関与すべきこと。企業は労働権の成果を支持し、とりわけ児童労働や強制労働の撤廃に協力すべきこと。企業はとりわけ環境にやさしいエネルギーを発展させ普及させることによって、さらには自然との責任ある共生によって環境問題の解決策を習得すべきこと、

ドーハ・ラウンド：二〇〇一年十一月、カタールの首都ドーハにて開催された第四回WTO閣僚会議から二〇〇五年十二月に香港で開催された第六回閣僚会議までの間の多角的貿易交渉の総称。TRIPS協定をはじめ、農産物や医薬品の自由化ルールに関する交渉などが話し合われた。

官民パートナーシップ（PPP／Public-Private Partnership）：公共性を有する事業活動を、行政側と民間セクター双方が一定の役割を分担しつつ行なう協力体制。いわゆる公共サービスのPFI事業やアウトソーシング（民間委託）事業などを指す。

グローバル・コンパクト（Global Compact）：一九九九年一月三十一日に開催された世界経済フォーラムでコフィー・アナン国連事務総長が提唱し、二〇〇〇年七月二十六日にニューヨークでの国連本部で正式に発足した国際的なネットワーク構想。企業は国際的な人権の擁護を支持・尊重し、児童労働や強制労働に加担しない、環境に配慮した技術を促進させる、といった人権、労働、環境、腐敗防止の四つの分野にわたる一〇原則にもとづき、それらを支持する企業や労働団体、市民団体などの参加を国際規模で求めているもの。企業はそれにより国連機関のブランドを得ることで社会的信用度が増すなどの特典を得られるとしている。

といった原則である。

この条約は行動規範ではない。むしろそれは企業や株主、政府、NGO、さらには国連にとっての、議論や学習の場として理解すべきである。この制度の利用者はインターネットを通じて結びついている。具体的に参加しているのは、国連サイドからはILO、**国連難民高等弁務官事務所**（UNHCR）、国連開発計画（UNDP）、国連環境計画（UNEP）である。

現在約六万三〇〇〇もの多国籍企業と約六九万の姉妹会社が存在している。それらは国連がターゲットとする団体である。これらの企業の一〇%だけでも参加し、この条約の諸原則に従うならば、環境および正義に関する大きな成功と有益な成果が得られることだろう。

しかし残念ながら、これまで約四〇〇企業が参加しただけである。その三分の一は中小企業である。参加条件はこれまでむしろ敷居の低いものであった。つまりメンバーは人権侵害に関与していないこと、メンバーは強制労働や児童労働に寛容であるべきではないこと、メンバーは対人地雷の売買もしくは生産に関与していないこと、また国連の関連する諸規則に違反していないこと、といった条件である。発起メンバーには、とりわけドイツ銀行、SAP、ナイキ、大手製薬会社のBASFと**バイエル**およびシェルのみがこれを承諾した。

企業の参加に関する関心度は明白である。すなわち企業は国連の高い知名度を利用することができ、社会的責任投資を行なっている企業であることを自ら示すことができるからである。そして企業はその代わりに公正もしくはエコロジーの観点による拘束義務を履行する必要がないからである。

このグローバル・コンパクトは企業に対して、その明確なガイドラインの実績を示せたかどうか報告を要求する。そしてこの報告および科学者やＮＧＯ組織による批判的コメントが、インターネットを通じて入手可能になる。これまではわずか三〇の企業だけが報告を行なったが、その何倍もの企業がこの要求に応じていない。

この遅々として進まない事態のために、コフィ・アナンは二〇〇二年一月に諮問委員会を設置し、たとえばドイツ銀行の当時の頭取であった**ロルフ・ブロイアー**や、アムネスティ・インターナショナ

国連難民高等弁務官事務所（ＵＮＨＣＲ／Office of the United Nations High Commissioner for Refugees）：一九五〇年に設立された国連の難民保護および支援を行なう専門機関。本部はスイスのジュネーブ。約一二〇カ国に二五〇の事務所を置き、約六五〇〇人の職員が一九〇〇万人以上の難民の支援に当たっている。一九五四年と一九八一年にノーベル平和賞を受賞。高等弁務官は国連総会で選出され、任期は五年。日本では二〇〇〇年まで緒方貞子弁務官が在籍していたことで知られている。

ＳＡＰ：ヴァルドルフ（Walldorf）に拠点を置く、ドイツ最大手のソフトウェアメーカー。一九七二年設立。その後世界各地に展開、三万五〇〇〇人の従業員を抱える多国籍企業となる。

ＢＡＳＦ（Badische Anilin & Soda-Fabrik）：世界最大手の化学薬品会社。一八六五年創業。現在、四一カ国に一六〇の傘下会社を置く。本部はドイツのルードヴィヒハーフェン（Ludwighafen）にある。

バイエル（Bayer）：一八六三年に創業した、ドイツの大手化学・製薬企業。日本にも支店を持つ。本部はドイツのレバークーゼン（Leverkusen）。アスピリンの原型ブランドとして知られる。

ロルフ・ブロイアー（Rolf Ernst Breuer）：ドイツの銀行家。一九三七年ボンに生まれる。一九八五年から二〇〇二年までドイツ銀行（Deutsche Bank）の取締役を務める。その後同銀行顧問。

ルの事務局長であったイレーネ・カーンといった影響力の大きい、ないしは地位の高い人物に意見を求めた。この諮問委員会は、参加資格の基準を改善し、除名基準を提案することになっている。

行動規範

ここではさらに個々の企業に対する自主的な遵守義務（コンプライアンス）が示されている。それはとりわけ公正でかつ市民権にもとづく必要最小限の基準達成を求める。たとえば児童労働、強制労働および監禁労働に加担しないこと。すべての労働者は最低基準のフェアな労働条件を得ること（労働時間、賃金、解雇に関して）である。また企業が社員の住宅や食事、健康管理を行なっている限り、企業には衛生管理の行き届いた人間らしい処遇が義務づけられる。環境に関する諸規則が遵守され、科学技術やノウハウの伝達が促進されねばならない。腐敗は阻止されねばならない。諸々の決定は透明性の下に行なわれねばならない。従業員は、表現の自由および労働組合を組織する権利を得られねばならない。

こうした自主遵守義務（コンプライアンス）は、企業のイメージおよび販売力を促進させるものである。地球環境の保護およびグローバルな正義の実現に関して、これまで一部適用されてきた解決策は一方で成功をみたが、他方でそれらは徐々に縮小されつつあるという脆弱《ぜいじゃく》さも有している。

実際これまでかなりの数の基準が遵守されていないケースがしばしば見られる。たとえばナイキはインドネシアで、子どもが小学校に通っていることが確認されれば、児童労働を承認する取引を行なってきたことを公表した。確かに子どもの両親がより多くの収入を得ようとして、子どもを労働に駆り出すケースもありうる。教育を受けていない労働力の不足は、けっして南の国々だけの問題ではない。

低賃金労働者の賃金を二倍もしくは三倍にしても、企業はほとんど影響を蒙《こうむ》ることはない。たとえばナイキでは、南の国々にある全製造工場の労働賃金を三倍にしたが、それは企業の広告費の一〇％にしか相当していない。それは実際、かすり傷程度の影響でしかない。

さらに難しいのが、腐敗という問題である。あるビジネスマンがいうには、ある特定の国々に足を踏み入れる場合――たとえばジョイント・ベンチャーで――「適当な贈答品を持参すること」が当然とされている場合があるらしい。このような海外における地域的な贈賄《わいろ》要求に対しては、一九九九年に至るまで免税措置が取られていた。OECDによる腐敗と戦うための新たなガイドラインには、官僚の収賄に対する罰則規定が盛り込まれた。

ただし企業の自主遵守義務（コンプライアンス）というアキレス腱は、目下次のようなモニタリングの最中にある。コンプライアンスはそもそも根本的に可能なのか？ 誰がチェックするのか？ 制裁措置はあるのか？ これまで企業自身が大部分を自己評価してきた。外部の評価機関はめったに関与していない。外部評価機関の中立性が、法的にも実質的にも事実上保持されることが重要である。実際に有効なのは、たとえばUNEPあるいはUNDPの監査官による評価・認証が必要であると

イレーネ・カーン（Irene Kahn）：一九五六年バングラデシュのダッカに生まれる。法律家として出発し、一九八〇年以降、UNHCRにて緒方貞子弁務官付の上席主任事務官として勤務。二〇〇一年八月以降、国際人権擁護団体「アムネスティ・インターナショナル（Amnesty International）」の事務局長を務める。

か、さらにはその費用は企業自身が負担しなければならない、といった行動規範を作成することである。行動規範がこの方向でさらに発展するならば、私はそれは意義深いことだと考える。

海外投資を持続可能なものにする

私企業の直接投資は、いわゆる公共機関による開発援助のための資金調達に比べて四倍も上回っている。それゆえ、国際的に展開する企業が環境保護および開発のための努力をめざして結集することは、意義深いことである。もっとも南の国々の利益になる海外投資はほんの少しであり、大部分は中規模開発国への投資となっている。アフリカへは海外直接投資の三％しか行きわたっていない。

自主遵守義務は、拘束力のある国際標準をつくるための意義ある第一歩である。ドイツ連邦政府はそれゆえ行政、企業、経済団体、労働組合、環境保護および消費者保護団体との対話を開始した。この目的は、海外への直接投資に際して、自主的な環境保護および持続可能性に配慮するための諸原則の確立である。

その間に最初の成果が生まれた。それはグローバル・コンパクトがもつ、ありのままの成果を報告するという性格も上回るものであった。しかも、企業の多くの自主遵守義務とは異なり、それははっきりと環境政策に重点を置いたものであった。

ドイツ産業連盟や**ドイツ労働総同盟**、環境団体連合によってまとめられた海外直接投資のための諸原則においては、この諸原則にサインした企業は、投資前に投資による環境影響評価を行なうことが義務づけられているだけではない。それにはまた所在地に関する環境目標の遵守、ならびにあらゆる営業所において可能な範囲で最良の技術を用いるべきことが記されている。環境ダンピングは避けられねばならない。

こうした海外投資企業のあらゆる営業所においては、環境会計システム――ヨーロッパでは目下、EMAS認証システムが存在し、世界的にはISO14001が存在している――が導入されねばならない。これらの企業の製品は、生産から利用あるいは処分に至るまでのライフサイクルのすべてがチェックされ、製品の廃棄は避けられねばならない。製品については責任をもって引き取ることが約束される。

この諸原則は、確かにさらなる具体化が必要である。しかしそれらは事の前進に向けての大きな一

ドイツ産業連盟（BDI／Bundesverband der Deutschen Industrie）：ベルリンに本部を置く、ドイツのメーカーおよびサービス部門からなる企業連盟。加盟企業は一〇万社にも及ぶ。一九四九年設立。

ドイツ労働総同盟（Deutscher Gewerkschaftsbund, DGB）：ドイツの労働組合の上部組織。一九四九年ミュンヘンにて設立。

EMAS（イーマス）認証システム：一九九五年四月発効したEUの環境マネジメントシステム。環境管理・監査スキーム（Eco-Management Audit Scheme）の略。環境方針の作成、環境管理システムの導入、環境監査の実施、環境声明書の公表などからなる。

ISO14001：スイスに本部を置く民間の国際規格認証機構（International Organization for Standardization）が一九九六年九月に創設した、国際統一基準の環境マネジメント規格シリーズの一。環境マネジメントシステムを経営システムの中に取り入れ、環境に配慮した経営を行なっていることを証明するもの。

歩となるだろう。労働組合、環境保護活動家、企業らが初めて取り組み、共同で海外直接投資のための基準を合意するに至ったのである。今やこの協同は、さらに採決の過程においても実現している。**これらの諸原則が早速ヨハネスブルグでの地球サミットにおいて取り入れられうるかどうかはわからない**※。

輸出クレジットにもエコロジーが担保される

さらに広い範囲でも連邦政府および「赤–緑」の政権与党は積極的に働きかけた。海外取引は、外部金融によらずに行なわれることはほとんどない。この種の活動に対するクレジットの委託は、決定的に重要な問題である。この種のクレジットが公正さやエコロジーの基準と関連していることは明らかである――とりわけ公共機関が関与している場合には。

そこでドイツ連邦国立銀行や、**ドイツ復興金融公庫**（ＫｆＷ）は、資金協力を行なう際のあらゆるガイドラインを策定し、いわゆる環境アセスメントに基づく開発援助を行なっている。また他のすべてのプロジェクトに対してもさしあたりその環境影響度を評価し、場合によっては環境アセスメントを実施することとした。その際に役に立つのは、これまでの経験上重大な環境影響を与えるプロジェクト活動の一覧表である。

総じて重要な位置づけにあるのは、道路工事からパイプラインに至るまでの、並びに採掘の際の地理的資源の利用から石油採掘に至るまでのインフラ開発基準である。この目的とは、水や森などの自然資源への負の影響を避けるということ、たとえば別の作業方法を選択することである。

ドイツ復興金融公庫（ＫｆＷ）は、熱帯原生林の破壊や、アスベストもしくはフッ素酸化物の濫用に関わるプロジェクトや、あるいは国際環境保護条約の諸規則に明確に抵触するプロジェクトに対する融資を拒否している。けっしてドイツ国内のすべての公共金融機関がこのような措置を導入しているわけではないが、おそらくエクアドルの原生林を貫通するパイプライン建設に対して融資は行なわれないだろう。

他の「民間」銀行は、国が輸出品の損害補償を行なっている場合にのみ、輸出品に関する融資をしばしば断念している。ドイツの輸出融資保険会社は、ヘルメス（Hermes）という名である。このヘルメスという融資保険会社は、過去にしばしばエコロジーおよび公正の観点で疑わしいプロジェクトに対して融資を行なった。連邦政府によって採択された、輸出保証を請け負う際にエコロジーで公正な開発政策という観点を考慮するためのガイドラインは、さしあたり持続可能な開発というモデルにも準拠している。

その際に禁止されているのは、とりわけ原子力発電所の新設ならびに存続のための原子力技術の輸出に対する保証である。受注額が一五〇〇万ユーロ以上におよぶすべてのプロジェクトは、環境への影響に対する審査手続きにパスしなければならない。原生林や生物保護、先住民族もしくは他のとり

※同サミットにおいては、結局「海外直接投資のための環境基準や諸原則」はまとめられなかった。

ドイツ復興金融公庫（ＫｆＷ／Kreditanstalt für Wiederaufbau）：第二次大戦後の西ドイツの復興を目的として設立された金融機関。一九四八年設立。国内の設備投資支援を初め、途上国など海外の設備投資支援、輸出金融支援および情報提供などを行なっている。

わけ保護を要する対象への影響が予測されうる場合、より少ない受注額のプロジェクトもまた審査対象となる。

こうした試みは、拡大されるとともに最終的には全世界的に適用されるものとなる――北の国々どうしの競争に対する表向きのデメリットに対する提訴が、つねに公正とエコロジーの基準を履行しないための口実として利用されないようにするためにも。

地球規模で自然の弁護人を増員する

九〇年代に国際的に浸透した企業スタイルは、はじめて小さな恐怖を味わい始めた。しかし国内においては、環境政策が任意に制限を設けられるだけではないのと同様、グローバルな正義を構築するためには、経済的諸手段やコンプライアンスとならんで、法的拘束力のある協定が必要である。ただしこの転換は確実になされねばならない。結局そこで重要なのは、それぞれの地域の状況を変えることである。このためには特定のグローバル・プレーヤーの勢力が強化されねばならない。これはNGO団体――さらに国連の環境・社会および開発関連機関についてもいえることである。

ひとつの世界――環境保護のための機関

これまで環境保護を担当する管轄機関は、UNEP（国連環境計画）、GEF（地球環境ファシリティー）、CSD（持続可能な開発委員会）といった、さまざまな国連計画および機関に分割されていた。

たとえば国連環境計画（ＵＮＥＰ）は、一九七二年に設立された。それはユニセフや国連難民高等弁務官事務所のような独立したプロジェクトを持たず、他の諸機関とポジティブに相互協力体制をとるべき存在である。ＵＮＥＰのナイロビ事務局は、調査研究を通じて、ネズミ算的に増加する環境破壊の現状について繰り返し警告を促《うなが》してきたが、この環境破壊は食い止められなかった。ＵＮＥＰは、制裁発動を決定したり遂行する権限は有していない。ＷＴＯが有しているような調停権限はまったく持っていない。

ＵＮＥＰによる世界規模の委託事業には、わずか五三〇人のスタッフが常駐しているだけである。たとえばドイツの環境省にはおよそ倍の数のスタッフがいるし、アメリカの環境局には一万八〇〇〇人以上ものスタッフがいる。さらにＵＮＥＰの立場は、任意の融資業務によって弱められている。したがってヨハネスブルクの地球サミットにおいては、独自の予算をつけたり、独自の参加資格制度を設けるなどして、国連の環境計画の強化や保護措置を提唱すべきである。私は、南の国々の自然

地球環境ファシリティー（ＧＥＦ：Global Environment Facility）：アルシュ・サミットの議論を受け、開発途上国における地球環境保全への取り組みを支援するための追加資金を提供するために発足した新たなメカニズム。原則として無償資金を供与する多国間援助のしくみ。

ＣＳＤ（Comission on Sustainable Developmen、持続可能な開発委員会）：一九九二年のリオでの地球サミットで設置が決められた国連組織。環境と経済の統合のための国際的な政策決定能力向上や地球環境保全のための行動計画「アジェンダ21」の実施状況の審査や勧告を進めるための専門機関。日本を含む五三カ国の代表から構成されている。

資源を保護するために、UNEPが、受託者としての参加国からの寄付金収入と並んで、その報酬の対価や、極力トービン税による所得を得ることを大いに支持したい。

それと並んでグローバルな環境ファシリティー、すなわち地球環境基金が、再度十分なまでに担保されねばならない。京都議定書やPOP条約に準拠した新たな目標課題が与えられて以降、この基金は今後四年間で二〇億米ドルの支出では十分とはいえない。ドイツ連邦政府はさらに二七億米ドルの追加支援を支持している。

消費者はグローバルに行動する

グローバルな正義は、エコロジーがより広まることによってのみ与えられる。グローバルな正義は北の国々から始められなければならない。それは店の売り場から始まる。すべての消費者はグローバル・プレーヤーであり、彼は自分の貢献を成し遂げることができるのである。

ドイツにおける食品をめぐる不祥事と遺伝子組み換え食品の拒絶は、ドイツでは消費者保護運動が成長する動機となった。消費モデルは変化している。すなわちフェアトレード製品やバイオ食品は今日、それなりの規模のスーパーならどこでも売っている。食品の品質の安全性を要求するグループや、地球規模での公正な消費モデルを達成しようとするグループどうしは、シナジー効果を生み出している。定評のある世界的な食品会社と並んで、gepaや他のフェアトレード企業が、九〇年代にグローバルな要求を背景に、新たなローカル・プレーヤーとして創業された。

消費者はますます、児童労働や化学的に有害な食品をボイコットすることに、実際より多く労力を割くようになってきた。消費者は南の国々で生産されたフェアトレード製品や認証入りの製品を買うことで、エコロジー的にも経済的にも、多国籍企業によるプランテーションでの賃金労働が生み出すものよりも、はるかに優れた生活基盤を創造している。それゆえ私は「援助の代わりに貿易を」という標語を、「フェアトレードこそ最良の援助である」という標語に置き換えたい。

マングローブの森を全滅させてまで小エビを味わわねばならない人間はいないだろう。その一方で、ある小エビ養殖業者が、はじめてバイオ農業の品質証明を得ることに成功した。この品質証明ラベルのある製品は優れている。多くの消費者は品質証明付きの商品を求め、世界市場に出回る商品、たとえばカーペットや材木、草花といった商品に品質証明のラベル表示を求めることができる。

公共機関は、このフェアトレード企業による重要な仕事を支援できるはずである。たとえば官公庁食堂の経営者と契約を交わし、そこでフェアトレードのコーヒーや紅茶、バイオ栽培のチョコレートのみを取り扱うようにすればよいのである。

ローカルな試みの限界

たとえローカルなレベルで真剣に活動する場合でも、グローバルに行動し、構造変革を起こすこと

シナジー効果：相乗効果。複数の要素（製品や事業など）があいまって、個々に得られる以上の効果をもたらすこと。

ｇｅｐａ（Gesellschaft zur Förderung der Partnerschaft mit der Dritten Welt GmbH）：「第三世界とのパートナーシップ促進のための組合」の略。ドイツを代表するフェアトレード企業。

の必要不可欠さがつきまとう。というのも、さもなければローカルなレベルでの活動が、グローバリゼーションによって幾重にも多様化された参入機会に対して、最後には無力になってしまうからである。

私がまだニーダーザクセン州の地方政治に関わっていた頃、私はたとえばシュタインフーダー湖の泥炭採掘に反対する地域運動を支援した。私たちはそこで消費者に希望を託した。やがて多くのドイツ人は泥炭を利用する代わりに敷わら（マルチ）を利用するようになった。大手建設業チェーンはすでに泥炭を取り扱っていなかった。私は最近再びシュタインフーダー湖にやってきたとき、周辺の住民が私に、泥炭採掘が再開されていると語った。以前より状況はさらに悪化していた。すなわち泥炭採掘権は二〇〇八年まで延長されていた。モロッコや南スペインからハンブルグへオレンジを輸送しているトラックが、その帰りに泥炭を持ち帰っていたのである。

貿易の拡大と極めて低い輸送コストが、帝国時代からの権原と結びつくことによって、ドイツの消費者の泥炭採掘禁止運動はその裏をかかれたのである。

それゆえここでは、私たちがドイツの消費者のエコロジー思考に訴え、ローカルな意識改革にも意味があるのだということを支持してきた、その政治姿勢に責任がある。全国レベルでは、鉱山採掘権が自然保護に最早優先されなくなった。また国際的にも国内的にも輸送料金は輸送コストを反映している。さらには湿地の国際保護が必要である――というのも、そうでなければドイツでの泥炭採掘が終了しても、たとえばバルト海沿岸諸国で、新たな泥炭採掘が始まるだけだからである。

その反対にグローバルなレベルで、ローカルなレベルの問題が示唆されることもある。たとえばキャビアである。チョウザメは生物種の保護に関するワシントン条約によって保護されている。世界中の上層階級による需要が伸びたせいで、残念なことにチョウザメの不法捕獲が増加している。それは現在合法的な捕獲の十倍から十二倍に増えている。そのおかげでカスピ海のキャビア・マフィアは、一年あたり一〇億ユーロ以上も稼いでいる。そこで国際政治機関が動き出した。それはキャビアとキャビア製品の取引を制限した。それによってカスピ海の住民は救われた。取引による乱獲のエスカレートが続けば、チョウザメは絶滅してしまうだろう。それによってキャビア取引業者の商売も成り立たなくなる。地域住民もまた収入源を絶たれるからである。

「グローバルに考え、ローカルに行動しよう」というスローガンを私はむしろこう言い換えたい。「グローバルに考え、グローバルにもローカルにも行動しよう」と。その際にメディアはとりわけ重要な役割を果たしうるだろう。

グローバルな公共性は徐々に現われている

メディアは現在、世界中に存在している――しかしグローバルな公共性は存在していない。確かに英語は世界の共通語として存在しているが、ＣＮＮはグローバルな公共性ではない。そのつど極めて

シュタインフーダー湖（Steinhuder Meer）：ドイツ北部、ハノーバーの南西にある湖。国立公園としても知られる。

国民国家的に彩られた眼鏡で世界を眺めようとする無数の公共性が存在している。ただ一度、ドイチェ・ヴェレや、アルジャジーラ、ＢＢＣないしはＣＮＮで同じ紛争についての報道をみた人は、まったく相異なる出来事が映し出されているように思うはずである。それらを相互に比較できるのならよいが、いったい誰にそれができるのだろうか？

報道に値するものとは何か？　映像で伝えられるものは何か？　たとえばハリケーンによる洪水被害や森林火災の惨状が詳しく示されたとする。ただしそのとき地球のどこか他の場所で突然大災害が起き、群集の視線がそちらに向けられるや否や、視聴者はまた別のニュースの消費者となる。このように報道の選択は恣意《しい》的である。

気象災害の頻発を招いた原因に関しては、たいした報道がなされていない。気候変動に関する国際パネルの調査報告は、『フランクフルター・ルンドシャウ（Frankfurter Rundschau）』紙の読者だけが、要約で読んでいる程度である。徐々に加速する地球温暖化は、それがもう手遅れになったときに初めて、あるいは一九九九年十二月の台風「ロータル」のように、再度どこかでまさしく暴風が吹き荒れるような事態が起きてはじめて、実際に目の当たりにできるからである。

別段目新しい話ではないが、環境政策については久しくまったく報道がなされていない。だからドイツにおける環境政策の大きな進展は、すでに起こった大災害に端を発しているのである。触媒物質の導入は森林枯渇に対する反応であったし、環境汚染保護法はセベソの化学汚染被害の結果生まれたものである。さらに連邦環境省の設立は、チェルノブイリの原子炉事故に対する回答である。

このようにグローバル化した世界の新たな諸問題は、全地球レベルでの予防と防止の文化ないしは政治を必要としている。

インターネットは救いの手となるか？

疑いもなくインターネットはグローバル化した公共性の出現を促進させている。とりわけ、良きにつけ悪しきにつけ、インターネットによって送り手と受け手の間の溝が埋められたからである。また誰もがそこでは、自ら情報提供者となるチャンスを持てる。インターネットはまだ大企業や国民国家の利害関心によって支配されていない。民主的あるいは独裁的な政府が、インターネットを管理操作

ドイチェ・ヴェレ（Deutsche Welle）：ドイツを代表する公共放送メディア。TVやラジオを国内ほか世界各国に向けて放送している。Welleとはドイツ語で「電波」のこと。

アルジャジーラ（Al Jazeera）：カタールのアラビア語によるアラブ諸国向けの二十四時間放映の衛星テレビ局。一九九六年設立。「ジャジーラ」はアラビア語で「島」を意味する。アルカイダから送付された、オサマ・ビン・ラーディン容疑者のメッセージの映像を独占放映したり、アフガニスタン国内からの戦争実況中継などの報道により注目を集め、「中東のCNN」と形容された。

台風「ロータル」（Orkan Lothar）：一九九九年十二月二十六日、南ドイツ地方を襲った暴風の名前。ドイツを代表する森林地帯「シュバルツバルト」（黒い森）に甚大な影響を与えたことで知られる。

セベソの化学汚染被害：一九七六年七月にイタリア・ミラノ郊外の町「セベソ」（Seveso）の化学工場で、猛毒物質であるダイオキシンの大量放出事故が起きた被害。一八〇〇ヘクタールの土壌が汚染され、二二万人が被災し、後遺症に苦しんだ。

しようとする試みは、もはや徒労に終わっている。インターネットは、世界中の上層階級の教養層が、コンピューターとモデムを持ち、ネットに参加することをたちまち可能にした。

インターネットは活動家にとっての重要な支援ツールである。インターネットによって形成されたグローバルなネット網なしでは、今日、ポルト・アレグレの世界社会フォーラム以来、世界経済フォーラムに対抗する公共性を形成している世界中のグローバリゼーション批判運動は、これほどスピーディには生じなかったであろう——それは新設の企業寄りメディアについてもあてはまることである。

インターネットは自らをその真価を発揮してきた——グローバリゼーション批判の議論や地位をグローバル化することによって、そしてこのネット網を強化することによって。インターネットは対抗軸となる公共性の自己組織化を可能にした。ここでもまた良きにつけ悪しきにつけ、インターネットはアメリカのネオナチ運動や、中国の公民権運動家のツールとなっている。

しかしインターネットは個人的メディアである。行動する公共性は連帯が形成されていることを前提とする。いわゆるグローバルな公共性として理解されている、実際にグローバルな圧力を行使しうるものからは、私たちはまだほど遠い。しかしグローバルな活動家のネット網は、世界市民意識を創造する基礎を形成するのに役立てられる。

第5章

もうひとつの世界は可能だ

地球環境を守るためのあらゆる戦略の転回点もしくは核心は、世界中のプレーヤー——すなわち株主が、経営者が、ジャーナリストが、政治家が、消費者が、自らの決定が私たち共通の住み処である地球の将来を左右するのだということを自覚することである。つまり、彼らが世界の市民として自らの責任と影響機会を自覚するかどうかにかかっているということである。

リオのサミット以降、**ローカル・アジェンダ21**の意向に沿って、いくつかの自治体が資源の消費量を減らそうとしている。ドイツ国内だけをみても数百の自治体がそれを実践している。南の国々の自治体都市間の交流もますます盛んになっており、具体的な支援と同時に互いのアイデアの交換も深まっている。住民参加は促進されており、すべての市民がこのひとつの世界の市民である、という意識も広がっている。自分自身が「グローバル市民」であるという意識をもつ人は誰でも、自分自身をシュツットガルト市民であるとか、フランス人であると考える人よりも深く、しかもとりわけ違った意味で、自分がバングラデシュの住民や、**フエゴ島**の住民と結ばれていると感じている。

地球市民学校

このような地球市民意識を生じさせるようなプロセスは、たとえばエアランゲンにある**オーム・ギムナジウム**で体験できる。このギムナジウムは、環境監査認証を取得しており、地球環境教育のパイオニアとなっている。この学校は、この環境監査認証を取ることによって、学校での活動を地球環境の一部として、エコロジー・サイクルの一部と考えている。この学校の生徒たちは、学校の完全なエネルギー効率アップを計画し、余熱や電気の利用度を算出した。彼らは省エネ電灯を導入し、ソーラー機器を設置した。彼らは水や石油、電気のコスト削減を図った。ゴミ処理費用は、一年で三万マルクから七三〇〇マルクにまで減らした。

こうした持続可能な生活のためのトレーニングは、授業時間を犠牲にし、授業やホームルームの時間を割いて行なわれた。日々の授業やテストの代わりに共同研究や協同作業、創作活動があてがわれた。学校の生徒は自ら参加し、責任を引き受けようとした。生徒たちは自らをグローバルなエコロジーの観点での能力有資格者、すなわち「**ゾーオン・ポリティコン**（**政治的動物**）」として生活体験をしてきた。彼ら自身はまだ青少年だったにもかかわらずである。

このような自主参加活動は、世界市民意識を蓄積させる。私たちはＷＴＯ交渉を起因とするデモ行動や、ＷＷＦの京都議定書キャンペーンや、ポルト・アレグレの**世界社会フォーラム**などにこの世界市民意識を垣間見ることができる。ただしそれはまた、既設の**世界経済フォーラム**が、**ダボス・サミ**

ローカル・アジェンダ21：一九九二年のリオの地球サミットで採択された「持続可能な開発実現のための行動計画」（アジェンダ21）で明記された、地方公共団体による地域レベルで策定する取組みを指す。日本でもサミット後に各地の自治体が中心になり、策定される動きが高まっている。

オーム・ギムナジウム（Ohm-Gymnasium）：ドイツ中部の古都エアランゲン（Erlangen）にある学校（ギムナジウムは日本の中学・高校課程にあたる）。ヨーロッパで二番目に、バイエルン州では初めて環境賞を受賞。この環境賞はゴミを出す量を減らしたり、省エネの成果を出した学校に地方自治体が授与する賞。

ゾーオン・ポリティコン（Zoon Politikon）：「人間は政治的動物である」つまり元来より共同体の中で生活する存在であるという意味の、アリストテレスの有名な言葉。

ットの山から下り、フォーラム批判者との対話の道を模索することが緊急に必要だと考えるようになった場合の話である。

これらすべての運動が示しているのは、もうひとつの世界は可能だ、ということである。グローバリゼーションは盲目的な運命ではない。この世界の生存基盤の濫用は、必然的に起きているのではない。政治はこの世界を変革することができる――既存体制を何年もかけて放棄していくことは、それ自体政治である。グローバリゼーションは政治の終焉《しゅうえん》ではない――グローバリゼーションは、政治をグローバル化することを要求しているのである。

その実現には、グローバル化された底辺運動が有益であるのと同様、確固たる多国間協力が必要不可欠である。**シアトルの市民は、いわば短期間にグローバルな公共性を実現させた。**※とりわけEUは、地球規模でのエコロジーおよび公正さの基準を貫徹することに成功した。EUの構築と強化はまた、グローバルな正義の創造にとっても大きな意義があった。

グローバルな正義が要求するのは、この世界の全市民の多数による政治を実現させることである。しかしそれは、字義通りただ多数だから可能というものではない。

グローバルな正義とは、一種の民主主義を擁護する試みである――というのも、それは国民国家によって組織され維持されてもいるからである。国民の多数もまたグローバルな正義を必要とする。国民全体が責任ある、世界市民意識によって規定された政治を支持する場合にのみ、その目的は達せられるのである。

これに関して——まさにヨーロッパにおいて——最近、反動的な出来事が起こった。グローバリゼーションへの不安から、極端に露骨な排他的幸福主義が、デンマークやオランダなどの環境先進国においてもまた、右派ポピュリスト政党を政権の座に押し上げたのである。この両国ともグローバルな環境保護という課題解決において、さらにはいわゆる国民総生産における開発援助の負担額の占める割合で手本となってきた国々であった。今日この両国は世界から、それもとりわけ移民から、臆病にも一線を画そうとしている。デンマークの環境政策において、劇的な方向転換が行なわれようとしている。

世界社会フォーラム（WSF。World Social Forum）：一九九九年にアメリカのシアトルで始まり、その後ブラジルのポルト・アレグレ、ムンバイ（インド）、カンクン（メキシコ）と毎年開催されている、反グローバリゼーション運動に共鳴する市民による国際的イベント。WTOルールなどの新自由主義に反対する社会運動団体、労働組合団体、農民運動、フェミニズム運動団体、先住民族などのマイノリティの人権擁護団体などが世界中から集まり、会合を自由に開催する。

世界経済フォーラム（WEF。World Economic Forum）：一九七一年にスイスの慈善事業家であるクラウス・シュワブ氏が設立した、ジュネーブに本部を置く独立の非営利財団。**ダボス会議**の主催団体として有名。

ダボス・サミット：「ダボス会議」とも呼ばれ、毎年一月下旬にスイスの観光地ダボスで開催される世界経済フォーラムの年次総会のこと。加盟企業の重役や政治家、学者、ジャーナリストなど二〇〇〇人近くが参加する。

※一九九九年十一月にシアトルで初めて開催された「世界社会フォーラム」のことを指す。

その結果、ドイツ連邦共和国における選挙が、ヨーロッパにとってのみならず、ヨーロッパをはるかに超えた重要な意味を帯びてくる。このEU内の最大国によって、グローバリゼーションに対するエコロジーかつ公正な枠組みを設定することが、今後も引き続きヨーロッパの採るべき態度となるか――あるいは私たちが万人の万人に対する縄張り争いの政治にさらされるかどうかが――決められるのである。

グローバリゼーションを公正に形成させるのか、あるいはグローバルな縄張り争いによる暴力的社会を選ぶのか――これは今日の左派と右派との、ナショナリズムとグローバリズムとの境界線となっている。

公正な世界は有益である

ヨーロッパの社会民主主義的およびエコロジー的な左派勢力は、近年の政治体制において多くの前進を成し遂げた。公的資金の浄化や硬直化した経済構造の近代化など、一見まっとうに見える専門領域においてさえ、注目すべき成果を得た。ヨーロッパの左派勢力は、これらの改革の多くに関して、ただ一つ、ゆるがせにした大きなことがあった。それは彼らが一般市民に、この政治の背後にある思想を何ら紹介しなかったことである。彼らはときには何の意味ある考えも提供しなかった。政権についた左派勢力は官僚主義化したのである。

その隙間を縫って、右派勢力は人々の不安を煽《あお》りたて、「思想的意義を与えること」によって飛躍した。この隙間を埋めることは、左派勢力にとっての課題である。すなわち数え切れない改革の歩みの背後にある思想とは何かを明確にすることが必要である。

私たちはグローバルな正義を望んでいる。なぜならそれは私たちの子どもの将来を保障するからであり、それ自体有益なものだからである。自らに責任ある態度をとることは有益である。

私たちは気候変動対策を進める。なぜならそれは地球温暖化を最小限度に食い止めるからであり、南の国々に独自の発展の機会を与え、私たちの経済を近代化させるからであり、それによって何百万人もの人々に新たに労働の場を提供するからである。

私たちは原子力エネルギーから撤退し、再生可能エネルギーを促進する。なぜなら私たちはそれによってグローバルなリスクを最小化できるからであり、私たちはそれによって**予防原則**を構築できるからであり、太陽や風力によるエネルギーが南の国々に新たな発展機会を開くからであり、こうした自然エネルギー設備の建設や輸出が、新たな安定した労働の場をつくり出すからである。

さらに私たちは改正連邦自然保護法を通じて、私たち自身のために自然を保護している。ただし私たちが自然を保護するのは、それぞれが自らの自然環境を守ることを各自に期待しているからであり、その結果、私たちの孫の世代もまたこの地球を生活世界と見なすことにつながるからである。

グローバルな正義は、ただ健全な地球環境を通じてのみ、それらを実現するだろう。私たち北の国

予防原則（precautionary principle）：化学物質や遺伝子組み換え技術などに対し、人の健康や環境に重大かつ不可逆的な影響を及ぼす恐れがある場合、科学的に因果関係が十分証明されない状況でも、生産や使用を規制・禁止すべきだという考え方。因果関係が科学的に証明されるリスクに関して、被害を避けるために未然に規制を行なう「未然防止原則（prevention principle）」とは立場が異なる。

の人間は、その実現のために事を起こさねばならない。私たちは健全な地球環境によって多くの利益を得る。しかもさらに重要なことは、健全な地球環境によって、すべての人が利益を得るのだということである。

訳者あとがき

本書はJürgen Trittin "Welt Um Welt — Gerechtigkeit und Globalisierung —"（Aufbau-Verlag, Berlin, 2002）の邦訳である。原題の直訳である「次々と生まれ変わる世界」という言葉は、第一章の初めの方で著者自身が述べている「私たちはたったひとつの世界、ひとつの地球環境しか持っていない――世界は次々と生まれ変わったりはせず、私たちが次々と新しい生物圏を利用できるようなことはない」（一七頁）という文章から引用されている。

筆者であるユルゲン・トリッティンは、九〇年代のドイツ緑の党のリーダー格の一人として活躍し、一九九八年の連立政権担当時に連邦環境大臣に就任、ドイツの原子力発電事業の廃止決定や、それに代わるものとして風力発電を筆頭とする自然エネルギーの飛躍的促進を成し遂げるための礎石を築いた大きな功労者である。日本には二〇〇五年春に環境省が主催した「3Rイニシアチブ会合」に招かれ来日し、そのスピーチは多くの聴衆の共感を得た。本書は現在刊行されている彼の唯一の著書であり、彼の大臣就任期間前半の政策実績や主張内容が集約されていると同時に、ドイツ緑の党の最近の基本政策志向や理念、考え方を代表するものである。

序文でも指摘されているとおり、本書では二〇〇二年のヨハネスブルクにおける地球環境サミット

（リオプラス10）に至る「持続可能な開発」政策、アフリカを中心とする世界経済や貿易のグローバル化の影響や、望ましいエコロジー政策についての事例や提言が豊富に盛り込まれており、それもわかりやすく簡潔な形で整理され述べられている。いまだに「地球環境保護」と「貧困」や「南北問題」とを別個の問題として区別し、まるで地球の裏側で起きている他人事のように議論しがちな日本国内の政治的状況を考えれば、先進国の一環境大臣が、豊富な知識や事例を駆使して経済のグローバル化に関する問題について、ここまで踏み込んだ議論を展開していることに対しては、ただ驚かされるだけであろう。しかしながら、欧州を初めとする先進国の政治レベルの議論においては、今や「環境問題」「エネルギー問題」と「南北問題」とはつねにセットで不可分の関係にあるという共通認識は自明のごとく定着している。

本書でのトリッティンの主張の要旨は、かけがえのない地球環境の維持のためにはグローバルな正義の実現が必要であること、それはエコロジーと社会の公正さが地球規模で実現することであり、そのためには北の先進国、あるいは上層階級に属する人々の消費生活および貿易政策の転換が不可欠であること、それには国内政策や国際条約などの枠組みによる政治的努力が有効かつ必要条件となるというものである。これは、どちらかといえば「環境問題」自体が産業界や消費生活における自主的取組みの成果に依存する問題であり、政治的アプローチによって解決されるべき最重要課題のひとつであることを軽視しがちな日本の風潮に対する強力なアンチテーゼとなりうるだろう。

同じく第一章の小見出しにある「地球は、私たちが借りている一戸の家屋にすぎない」という言葉は、八〇年代の創立間もないドイツ緑の党のスローガンとしてもてはやされたものであるが、この言葉はグローバル化が伸展した二十一世紀の地球環境を考えるうえで、ますます深刻な意味を投げかけていると言わざるをえない。地球環境保護ないしはグローバルな正義の実現とは、何よりも次世代に対して極力「負の遺産」を残さないようにするために現役世代に課せられた義務であるという認識を、当の環境保護運動家のどれほどの人々が自覚して行動できているだろうか。

トリッティンは一方で「ローカルな規模での試み、地域市民運動」の意義を認めながら、他方でそれが世界経済のグローバリゼーションの前では無力化されてしまうことを取り上げ（第四章）、どんなローカルな取り組みにおいても「グローバルな視点および取り組み」が必要であることを指摘する。多くは地元での地域活動に終始しがちな日本の環境保護運動にとって、恐らくこれは耳の痛い問題提起となるに違いない。第四章以降で筆者が提唱している「世界市民意識」という概念の重要性、すなわち地域や立場を超えて共通の地球規模の課題に対処しようとする新たな個人の連帯意識の形成が広がりつつあることもまた、今やおとぎ話ではなくなっている。気候変動やグローバリゼーションのみならず、地球規模で起きている多くの問題を語る際には、地域／国家／世界といった厳密な領域区分は、すでに大きく瓦解し始めているのである。

本書の訳を手掛けた当事者としては、できればこれからの地球を担う次世代の人々に本書が多く読まれることを切望したい。今や「環境学」「環境経済学」「開発経済学」といった分野が一般の科学研究領域に定着した観のあるわが国でも、本書が大学などの各種教育機関の教養テキストとして利用されることを、訳者は願ってやまない。

ちなみに本書の序文を執筆したバーバラ・ウンミュシッグ（Barbara Unmüssig）は、二〇〇二年以来、ドイツ緑の党の後援シンクタンクとして有名なハインリッヒ・ベル財団（Heinrich-Böll-Stiftung）の共同代表を務めている。ベルリン自由大学で政治学（修士）を専攻し、ジャーナリストや緑の党の国会議員事務局秘書を経て、「環境と開発に関するドイツNGOフォーラム」「ドイツ人権研究所（DIMR）」を共同創設するなどの経歴を持ち、日本にも二〇〇四年に自然エネルギー国際会議のために京都に来訪している。

本書の訳出にあたっては、第三章を手塚・近江・染谷の三名が分担で訳し、他章は今本が単独で訳し、最後に全体の訳を手直しした。

最後に粗訳を一字一句何度も丹念に検討していただいた緑風出版の高須次郎氏、ならびに尋常ならぬ修正作業を辛抱強く完遂してくださった同編集部の齋藤あかね氏の両名に、深く感謝申し上げたい。

二〇〇六年九月

監訳者　今本　秀　爾

（エコロ・ジャパン代表）

[訳者略歴]

今本　秀爾（いまもと　しゅうじ）

担当：全体の監訳、第１章・第２章・第４章・第５章

社会評論家、哲学者。1965年大阪生まれ。大阪外国語大大学（ドイツ語専攻）、早稲田大学大学院博士課程（哲学専攻）、東京大学大学院（相関社会科学専攻）、日本学術振興会特別研究員を経て、内外の数多の大学・専門学校・資格学校等で哲学・倫理学・論理学などの教鞭をとる。研究調査や講演活動等で欧米地域を何度も廻るなかで、底辺民主主義の政治運動、政治的エコロジーや緑の党の運動に関心を抱き、自身のライフワークとする。2001年4月にオーストラリアで開催された「第1回世界緑の党大会」に参加以降、日本における政治的エコロジーの実現をめざし、数多くの海外取材や記事執筆を重ねる一方、2004年1月に環境政策ネットワーク「エコロ・ジャパン」を設立、代表を務める。著書、翻訳、論文など多数。
ホームページ：http://www1.kcn.ne.jp/~imashu/index.htm

近江　まどか（おうみ　まどか）

担当：第３章（中半）

通訳・翻訳・執筆業。ドイツ・ミュンスター在住。専門は環境政策全般。特にエネルギー政策と地球温暖化政策。環境省非常勤職員（地球温暖化対策担当）を経て、現在、ミュンスター大学修士課程政治学ゼミナール所属。エコロ・ジャパン翻訳チーム所属。ホームページでドイツの最新環境情報を発信中：「ドイツ環境ジャーナル」 http://blog.goo.ne.jp/madokuccia
メールアドレス：Madokuccia@hotmail.com

染谷　有美子（そめや　ゆみこ）

担当：第３章（後半）

環境NGO非常勤スタッフ、翻訳業。獨協大学外国語学部ドイツ語学科卒業。1年間のドイツ・フライブルク滞在を経て、国際環境NGO FoE Japan勤務。身近な視点から環境問題をとらえ持続可能な社会のあり方を提言する「くらしとまちづくりプログラム」にて、食と農業プロジェクト、愛知万博プロジェクト等を担当。ドイツの環境事情を市民と共に研究するプロジェクト等でドイツ語翻訳・調査も務める。現在は、学校の省エネプロジェクトを進めている。エコロ・ジャパン翻訳チーム所属。

手塚　智子（てづか　ともこ）

担当：第３章（前半）

環境NGOスタッフ（担当は環境・エネルギー政策）。「環境意識と市民参加」に興味を持って、1995年から98年にわたり、ドイツ・フライブルク、リューネブルクに留学。その後再渡独し、環境団体BUND（ドイツ自然環境連盟）ハイデルベルク支部でインターンとして活動に参加、運営の様子や自然体で活動に関わる人々の日常にふれる。大学院博士課程前期修了後、NPO法人環境文明21・環境文明研究所に勤務、2003年3月から太陽光発電所ネットワーク（PV-Net）事務局スタッフ。エコロ・ジャパン運営委員。同翻訳チーム所属。

［著者略歴］

ユルゲン・トリッティン（Jürgen Trittin）

社会経済学修士（ディプロム）、元ジャーナリスト。現ドイツ連邦議会（国会）議員・「同盟90・緑の党」会派所属。1954年ブレーメン生まれ。1980年以来ドイツ緑の党党員。1985〜86年、および1988〜1990年、ニーダーザクセン州緑の党議員団代表、1990〜94年、ニーダーザクセン州連邦および欧州担当大臣、ドイツ連邦議会議員、1994年〜95年、同盟90・緑の党ニーダーザクセン州議員団代表、1994年緑の党連邦共同代表。1996年12月同代表に再選。1998年の総選挙以降、ドイツ連邦議会議員。同年10月〜2005年11月まで、ドイツ環境・自然保護・原子力保安担当大臣を務める。

グローバルな正義《せいぎ》を求《もと》めて

2006年9月25日　初版第1刷発行　　定価2300円＋税

著　者　ユルゲン・トリッティン
監訳者　今本秀爾
訳　者　エコロ・ジャパン翻訳チーム
発行者　高須次郎
発行所　緑風出版 ©
〒113-0033　東京都文京区本郷2-17-5　ツイン壱岐坂
［電話］03-3812-9420　［FAX］03-3812-7262
［E-mail］info@ryokufu.com
［郵便振替］00100-9-30776
［URL］http://www.ryokufu.com/

装　幀　R 企 画
制　作　R 企 画　　印　刷　モリモト印刷・巣鴨美術印刷
製　本　トキワ製本所　　用　紙　大宝紙業　　E2000

Printed in Japan　　ISBN4-8461-0618-7　C0036